信息安全知识赋能工程

信息安全基础与创新保障

构建可持续的数字安全体系

李国良 赵瑞超 王嘉义 ◎ 著

电子工业出版社

Publishing House of Electronics Industry

北京·BEIJING

内 容 简 介

本书探讨信息安全领域的创新体系构建，全面、系统地阐述从信息安全基础理论到数字架构设计、再到前沿技术融合的完整知识框架。本书共 3 个部分，第 1 部分为信息安全基础，包括信息安全的历史演进及其面临的主要挑战，信息安全规划的制定与管理，信息安全文化、意识和行为；第 2 部分为数字安全架构，包括安全架构的设计与实施，网络与边界安全，应用系统与数据安全；第 3 部分为创新保障技术，包括人工智能在信息安全中的应用，区块链与数字身份认证，零信任安全模型与访问控制。

本书既可作为高等院校自动化、计算机等相关专业的信息安全理论拓展教材，也可作为企业安全架构师和政策制定者的参考资料。

未经许可，不得以任何方式复制或抄袭本书之部分或全部内容。
版权所有，侵权必究。

图书在版编目（CIP）数据

信息安全基础与创新保障 ：构建可持续的数字安全体系 / 李国良，赵瑞超，王嘉义著. -- 北京 ：电子工业出版社，2025. 6. -- (信息安全知识赋能工程).
ISBN 978-7-121-50553-9
Ⅰ. TP309
中国国家版本馆 CIP 数据核字第 20253C5S54 号

责任编辑：田宏峰
印　　刷：三河市良远印务有限公司
装　　订：三河市良远印务有限公司
出版发行：电子工业出版社
　　　　　北京市海淀区万寿路 173 信箱　邮编　100036
开　　本：787×1 092　1/16　印张：10　字数：253 千字
版　　次：2025 年 6 月第 1 版
印　　次：2025 年 6 月第 1 次印刷
定　　价：79.00 元

凡所购买电子工业出版社图书有缺损问题，请向购买书店调换。若书店售缺，请与本社发行部联系，联系及邮购电话：（010）88254888，88258888。
质量投诉请发邮件至 zlts@phei.com.cn，盗版侵权举报请发邮件至 dbqq@phei.com.cn。
本书咨询联系方式：tianhf@phei.com.cn。

前　言

　　数字化技术的迅猛发展促进了社会运行模式的深刻变革。面对网络空间的复杂威胁和技术迭代挑战，信息安全防护正变得更加动态化与智能化，构建创新的数字安全体系成为一个关乎国家战略与组织存续的关键问题。

　　目前，数字安全体系面临多维挑战。首先，传统信息安全架构和新兴技术应用面临着攻防不对称的系统性风险。随着攻击手段升级，威胁检测滞后性和防御体系脆弱性成为亟待突破的瓶颈。其次，由于网络攻击技术的自动化水平不断提升，需要构建自适应防御机制，这要求信息安全体系具备实时响应与主动预测能力。第三，零信任安全模型的全面推行要求访问控制策略不断动态优化，以应对边界模糊化的新常态。此外，物联网的泛在连接对终端安全和数据隐私构成了持续性冲击，要求信息安全建设在保障业务连续性和合规性的前提下实现技术融合创新，同时需要人工智能算法、区块链技术、行为分析模型、威胁情报共享和信息安全文化培育机制等多维要素来强化防御纵深，提升数字安全体系的韧性。

　　本书以数字化转型浪潮为背景，以构建动态化、智能化的数字安全体系为目标，详细介绍从基础理论到前沿技术的完整知识框架。本书贯彻"技术驱动、体系融合"方略，强化主动防御意识，实现从被动响应向预测防护的转变；改变传统边界防护模式，实现由静态防御向动态零信任的变化；改变安全保障手段，实现由单一技术堆砌向多维度协同创新的进步。

　　本书共3个部分，第1部分为信息安全基础，包括第1章到第3章；第2部分为数字安全架构，包括第4章到第6章；第3部分为创新保障技术，包括第7章到第9章。第1章主要介绍信息安全的历史演进及其面临的主要挑战，主要包括信息安全的历史演进、信息安全面临的主要挑战、信息安全对可持续发展的重要性等内容。第2章探讨信息安全规划的制定与管理，主要包括信息安全规划、风险评估与管理、信息安全治理与合规性等内容。第3章研究信息安全文化、意识和行为，主要包括信息安全文化的建设、信息安全意识的培养、信息安全行为的落地与实施等内容。第4章介绍安全架构的设计与实施，主要包括安全需求分析与安全架构设计、安全控制与防御机制、安全架构的评估与优化等内容。第5章阐述网络与边界安全，主要包括网络架构的设计原则、边界防御与入侵检测、网络流量分析与威胁情报等内容。第6章聚焦应用系统与数据安全，主要包括应用系统安全的设计与开发、数据保护与加密技术、应用系统安全测试与安全漏洞管理等内容。第7章剖析人工智能在信息安全中的应用，主要包括基于人工智能的威胁检测与防御、数据分析与行为识别、人工智能在安全决策与事件响应中的应用等内容。第8章分析区块链与数字身份认证，主要包括区块链在信息安全中的应用、区块链数字身份认证、区块链的安全性问题及其面临的挑战等内容。

第 9 章探讨零信任安全模型与访问控制，主要包括零信任安全模型基础、基于零信任安全模型的访问控制策略、零信任安全模型的关键要素与实施建议等内容。

本书是山东省高校治理专项课题"基于双轮驱动的科研管理动力机制研究"（SDGX2024062）和山东华宇工学院校级科研平台"网络安全协同创新中心"（PT2025KJX002）科研成果。李国良撰写了第 1~6 章，赵瑞超撰写了第 7 章，王嘉义撰写了第 8~9 章。在本书的撰写过程中，作者借鉴和参考了国内外专家、学者、技术人员的相关研究成果和文献，在此向这些成果和文献的作者表示衷心的感谢。我们尽可能按学术规范予以说明，但难免会有疏漏之处，如有疏漏，请及时通过出版社与作者联系。

由于本书涉及的知识面广、编写时间仓促，加之作者的水平和经验有限，疏漏之处在所难免，恳请广大读者和专家批评指正。

作　者

2025 年 5 月

目 录

第 1 部分 信息安全基础

第 1 章 信息安全的历史演进及其面临的主要挑战 2

1.1 信息安全的历史演进 2
    1.1.1 古代通信与密码学的起源 2
    1.1.2 计算机技术与现代密码学的崛起 2
    1.1.3 互联网与信息安全的挑战 3
1.2 信息安全面临的主要挑战 4
1.3 信息安全对可持续发展的重要性 5
1.4 本章小结 6

第 2 章 信息安全规划的制定与管理 8

2.1 信息安全规划 8
    2.1.1 信息安全规划的重要性 8
    2.1.2 信息安全规划的目标 8
    2.1.3 信息安全规划的关键要素 9
    2.1.4 信息安全规划的实践指导和建议 9
2.2 风险评估与管理 10
    2.2.1 风险评估与管理的重要性 10
    2.2.2 风险评估与管理的目标 11
    2.2.3 风险评估与管理的关键要素和步骤 11
    2.2.4 风险评估与管理的实践指导和建议 12
2.3 信息安全治理与合规性 12
    2.3.1 信息安全治理的概念和目标 12
    2.3.2 信息安全治理的关键要素 13
    2.3.3 合规性要求与挑战 13
    2.3.4 信息安全治理与合规性的实施步骤 13
    2.3.5 信息安全治理与合规性的实践指导和建议 15
2.4 本章小结 15

第 3 章 信息安全文化、意识和行为 16

3.1 信息安全文化的建设 16

- 3.1.1 信息安全文化的定义与特征 ... 16
- 3.1.2 信息安全文化的重要性 ... 17
- 3.1.3 建设信息安全文化的策略与方法 ... 17
- 3.1.4 信息安全文化建设的持续推进 ... 18
- 3.2 信息安全意识的培养 ... 18
  - 3.2.1 信息安全意识的定义与特征 ... 18
  - 3.2.2 信息安全意识的重要性 ... 19
  - 3.2.3 培养信息安全意识的策略与方法 ... 19
  - 3.2.4 信息安全意识培养的持续推进 ... 20
- 3.3 信息安全行为的落地与实施 ... 20
  - 3.3.1 信息安全行为的定义与特征 ... 20
  - 3.3.2 信息安全行为的重要性 ... 21
  - 3.3.3 促进信息安全行为落地与实施的策略及方法 ... 22
  - 3.3.4 信息安全行为落地与实施的持续推进 ... 22
- 3.4 本章小结 ... 23

第 2 部分 数字安全架构

第 4 章 安全架构的设计与实施 ... 25
- 4.1 安全需求分析与安全架构设计 ... 25
  - 4.1.1 安全需求分析的步骤 ... 25
  - 4.1.2 安全架构设计的原则 ... 26
  - 4.1.3 安全架构的实施 ... 27
- 4.2 安全控制与防御机制 ... 27
  - 4.2.1 网络安全控制 ... 27
  - 4.2.2 身份认证与访问控制 ... 33
  - 4.2.3 数据加密与数据保护 ... 39
  - 4.2.4 安全事件响应与处置 ... 44
- 4.3 安全架构的评估与优化 ... 49
  - 4.3.1 安全架构的评估方法 ... 49
  - 4.3.2 安全架构的优化策略 ... 59
  - 4.3.3 安全架构的实践 ... 80
- 4.4 本章小结 ... 81

第 5 章 网络与边界安全 ... 82
- 5.1 网络架构的设计原则 ... 82
  - 5.1.1 综合性原则 ... 82
  - 5.1.2 分层原则 ... 82
  - 5.1.3 灵活性原则 ... 85
- 5.2 边界防御与入侵检测 ... 88

	5.2.1	防火墙 ··· 88
	5.2.2	入侵检测系统与入侵防御系统 ··· 93
	5.2.3	安全网关 ··· 98
5.3	网络流量分析与威胁情报 ··· 103	
	5.3.1	网络流量分析 ··· 103
	5.3.2	威胁情报 ··· 106
5.4	本章小结 ··· 110	

第 6 章 应用系统与数据安全 ··· 111

6.1	应用系统安全设计与开发 ··· 111	
	6.1.1	应用系统安全设计与开发的重要性 ··· 111
	6.1.2	应用系统安全设计与开发的实践方法 ··· 112
6.2	数据保护与加密技术 ··· 113	
	6.2.1	数据保护的重要性 ··· 113
	6.2.2	数据加密技术 ··· 113
	6.2.3	数据保护的最佳实践 ··· 114
6.3	应用系统安全测试与安全漏洞管理 ··· 116	
	6.3.1	应用系统安全测试的重要性 ··· 117
	6.3.2	应用系统安全测试的方法 ··· 117
	6.3.3	安全漏洞管理的最佳实践 ··· 118
6.4	本章小结 ··· 118	

第 3 部分　创新保障技术

第 7 章　人工智能在信息安全中的应用 ··· 121

7.1	基于人工智能的威胁检测与防御 ··· 121	
	7.1.1	人工智能在威胁检测与防御中的应用 ··· 121
	7.1.2	人工智能在威胁检测与防御中的优势 ··· 122
	7.1.3	人工智能在威胁检测与防御中的挑战与展望 ··· 123
7.2	数据分析与行为识别 ··· 123	
	7.2.1	数据分析与行为识别的基本原理 ··· 123
	7.2.2	人工智能在数据分析与行为识别中的应用 ··· 124
	7.2.3	人工智能在数据分析与行为识别中的挑战与展望 ··· 125
7.3	人工智能在安全决策与事件响应中的应用 ··· 126	
	7.3.1	人工智能在安全决策中的应用 ··· 126
	7.3.2	人工智能在事件响应中的应用 ··· 126
	7.3.3	基于人工智能的攻击溯源 ··· 127
	7.3.4	人工智能在安全决策与事件响应中的挑战与展望 ··· 127
7.4	本章小结 ··· 127	

第 8 章 区块链与数字身份认证 ··············· 128

8.1 区块链在信息安全中的应用 ··············· 128
- 8.1.1 数字身份认证 ··············· 128
- 8.1.2 数据安全与隐私保护 ··············· 128
- 8.1.3 智能合约与安全合规性 ··············· 129

8.2 区块链数字身份认证 ··············· 129
- 8.2.1 数字身份认证面临的挑战 ··············· 130
- 8.2.2 区块链数字身份认证的原理 ··············· 131
- 8.2.3 区块链数字身份认证的实现方式 ··············· 132
- 8.2.4 区块链数字身份认证的实践意义 ··············· 133

8.3 区块链的安全性问题及其面临的挑战 ··············· 134
- 8.3.1 区块链的安全性问题 ··············· 134
- 8.3.2 区块链安全解决方案 ··············· 135
- 8.3.3 区块链管理 ··············· 137

8.4 本章小结 ··············· 139

第 9 章 零信任安全模型与访问控制 ··············· 140

9.1 零信任安全模型基础 ··············· 140
- 9.1.1 零信任安全模型的基本原则 ··············· 140
- 9.1.2 零信任安全模型的核心概念 ··············· 141
- 9.1.3 零信任安全模型的优势 ··············· 143
- 9.1.4 实施零信任安全模型的关键要素 ··············· 143

9.2 基于零信任安全模型的访问控制策略 ··············· 143
- 9.2.1 设计细粒度的权限控制策略 ··············· 144
- 9.2.2 实施多因素认证 ··············· 145
- 9.2.3 动态调整授权策略 ··············· 145
- 9.2.4 零信任安全模型面临的挑战及其应对策略 ··············· 146

9.3 零信任安全模型的关键要素与实施建议 ··············· 146
- 9.3.1 关键要素 ··············· 146
- 9.3.2 实施建议 ··············· 147

9.4 本章小结 ··············· 148

参考文献 ··············· 149

第 1 部分 信息安全基础

信息安全是构建可持续的数字安全体系的重要组成部分。信息安全基础涵盖了信息安全的核心概念、原理和基本技术,对于理解和应用信息安全具有重要的内涵、理论意义和实践意义。

首先,信息安全基础具有重要的理论意义。信息安全是一个复杂而多样化的领域,涉及密码学、网络安全、系统安全、物理安全等多个学科和领域。信息安全基础提供了这些学科和领域的理论基础,有助于我们深入理解信息安全的原理、算法和技术。这些理论知识不仅有助于解决当前的安全问题,还为未来的安全挑战和创新提供了指导。

其次,信息安全基础具有重要的实践意义。在实际应用中,信息安全基础涵盖了许多工具和方法,如加密算法、访问控制、防火墙、入侵检测系统等。这些工具和方法可以帮助我们减少安全漏洞的风险、防止数据泄露和恶意攻击,帮助我们建立安全的网络和,保障信息资产和网络安全,确保信息的机密性、完整性和可用性。

总而言之,信息安全基础提供了理解和分析信息安全问题的基础框架,指导我们应对安全挑战和创新,保护信息资产和网络安全。只有建设坚实的信息安全系统,才能构建可持续的数字安全体系,应对日益复杂和多样化的威胁,推动数字化时代的安全与可持续发展。

第 1 章
信息安全的历史演进及其面临的主要挑战

了解信息安全的历史演进与主要挑战对于理解信息安全的发展脉络具有重要的意义。本章通过对信息安全的历史演进、信息安全面临的主要挑战，带领读者了解信息安全领域的动态和背景，为信息安全规划的制定和数字安全体系的构建奠定坚实的基础。

1.1 信息安全的历史演进

> **引言**
>
> 信息安全的历史演进是理解现代信息安全领域的重要基石。从古代的简单密码到现代的复杂加密算法和安全措施，信息安全在人类社会中扮演着关键的角色。通过回顾信息安全的历史演进，我们可以了解人类对于保护通信机密性的追求以及不断进步的技术手段。这段历史提醒着我们，随着科技的发展，信息安全也面临着不断变化和升级的挑战。

1.1.1 古代通信与密码学的起源

人类对于保护通信内容的需求可以追溯到古代。在古代，人们就已经开始使用各种手段来保护通信的机密性。其中，密码作为一种重要的保密通信手段，至今仍然扮演着关键的角色。

最早的密码之一是恺撒密码，它由古罗马大军统帅盖乌斯·尤利乌斯·恺撒（Gaius Julius Caesar）使用。恺撒密码是通过对字母进行简单的移位来进行加密的，只有知道移位量的人才能解密。另一个著名的密码是古希腊斯巴达军队使用的斯巴达密码，该密码通过将字母替换成其他符号或字母来隐藏真实信息。

随着时间的推移，密码的发展变得更加复杂和精密。中世纪欧洲使用的更复杂的密码算法，如维吉尼亚密码（Vigenère Cipher），成为当时军事和外交通信中的重要加密手段。然而，在密码发展的早期阶段，破译密码的技术也逐渐发展起来。

1.1.2 计算机技术与现代密码学的崛起

随着计算机技术的迅速发展，密码学取得了巨大的进展。计算机的出现使得密码学家能够研究和应用更复杂的算法和密钥管理技术。

20 世纪 70 年代，数据加密标准（Data Encryption Standard，DES）算法成为当时使用最广泛的对称加密算法,其原理如图 1-1 所示。随着计算机技术的不断发展,DES 算法的密钥长度变得不够安全。为了应对这个问题,高级加密标准(Advanced Encryption Standard,AES)算法在 2001 年被选为新的加密标准(其原理见图 1-2),提供了更高的安全性和效率。

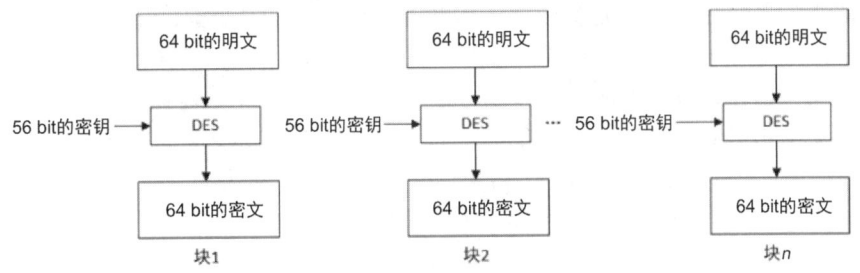

图 1-1　DES 算法的原理

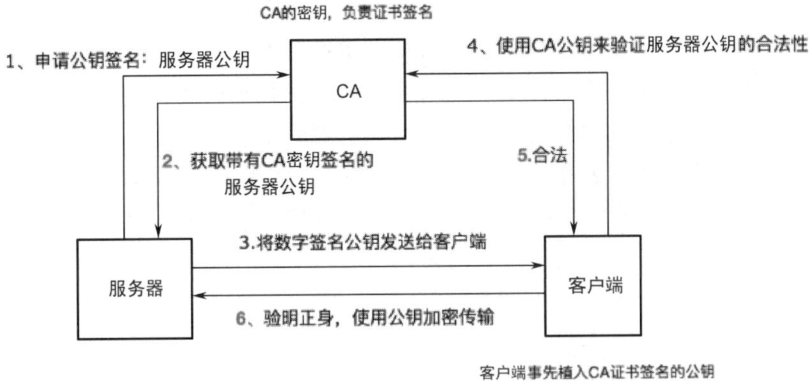

图 1-2　AES 算法的原理

公钥加密算法的发展也对密码学产生了巨大的影响。20 世纪 70 年代,罗纳德·李维斯特(Ronald Rivest)、阿迪·萨莫尔(Adi Shamir)和伦纳德·阿德曼(Leonard Adleman)提出的 RSA 加密算法标志着公钥加密新时代的到来。公钥加密算法解决了传统对称密钥加密算法密钥分发的困难,使得安全的通信成为可能。RSA 加密算法的密钥生成过程如图 1-3 所示。

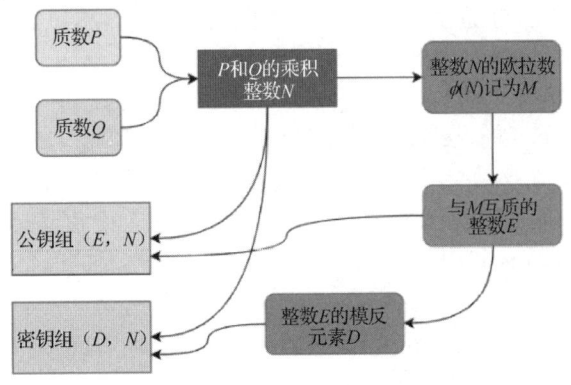

图 1-3　RSA 加密算法的密钥生成过程

1.1.3　互联网与信息安全的挑战

随着互联网的兴起,信息安全面临着全新的挑战。互联网的开放性和全球性使得网络通信面临着更大的风险，如黑客攻击、恶意软件和数据泄露等。

20 世纪 90 年代，公众对于个人隐私和数据保护的关注度与日俱增，随之而来的是隐私保护和数据保护法规的制定，以保护个人和企业或组织的隐私。

当今，信息安全面临的挑战愈加复杂和严峻。大规模数据泄露、网络钓鱼和勒索软件等威胁时有发生。为了应对这些挑战，各种新兴技术和安全措施被不断研发和应用，如人工智能、区块链和零信任安全模型等。

信息安全经历了漫长的历史演进，从古代的恺撒密码发展到现代复杂加密算法和安全措施。随着计算机技术和互联网的兴起，信息安全面临着更大的挑战，但也催生了信息安全领域的创新和发展。未来，随着新兴技术的进一步发展和新的威胁不断出现，信息安全领域需要不断提出新的解决方案来应对不断变化的威胁。

 结语

信息安全的历史演进充满了创新和突破，不断推动着信息安全领域的发展。从古代的恺撒密码到现代的复杂加密算法，我们见证了信息安全技术的飞速进步。然而，信息安全的挑战也与日俱增，随着互联网的普及和数字化转型的加速，威胁变得更加复杂和隐蔽。在构建可持续的数字安全体系过程中，我们需要不断学习和创新，采取综合性的安全策略，以保护数字资产和隐私，并确保信息的安全性和可信度。通过深入了解信息安全的历史演进，我们能够从中汲取经验教训，为应对未来的安全挑战做好准备。

1.2 信息安全面临的主要挑战

 引言

随着技术的不断进步和信息化程度的加深，信息安全领域面临着许多新挑战。这些挑战不仅源于技术的发展，还与社会、经济和政治等方面密切相关。了解和应对这些挑战对于建立可持续的数字安全体系至关重要。本节将详细探讨信息安全领域面临的主要挑战。

1. 数字化转型加速与信息化依赖增加带来的挑战

数字化转型现在已成为企业或组织的重要战略目标。通过采用云计算、物联网、大数据和人工智能等技术，企业或组织可以实现更高效的业务运营和更好的用户体验。然而，数字化转型也带来了新的安全挑战。信息化依赖的增加意味着一旦通过安全漏洞发生攻击，就可能导致更大范围的影响和损失。因此，如何在数字化转型中保护信息资产和确保业务的连续性成为重要的任务。

2. 复杂多样的威胁与攻击技术带来的挑战

当前的威胁变得越来越复杂和多样化。黑客攻击、恶意软件、勒索软件、社会工程学攻击和钓鱼等技术不断演变和更新，同时随着云计算、物联网和移动设备的普及，攻击面也不断扩大。针对新的威胁和攻击技术，传统的安全防御手段可能显得捉襟见肘。因此，建立多层次、多维度的防御策略（包括网络安全、应用安全、终端安全和人员培训等方面的综合措施）变得尤为重要。

3. 隐私保护和数据合规带来的挑战

随着个人数据和机密信息的不断增加，隐私保护和数据合规带来了更加严格的要求。隐私泄露、个人信息滥用和数据盗窃等事件频繁发生，引起了公众的关注和担忧，同时随着全球数据保护法规的不断出台，如欧洲的 *General Data Protection Regulation*（通用数据保护条例，GDPR）和美国的 *California Consumer Privacy Act*（加利福尼亚州消费者隐私法案，CCPA），企业或组织需要确保其数据处理活动符合法规的要求。因此，隐私保护和数据合规成为信息安全领域的重要议题，企业或组织需要建立有效的隐私保护措施和数据管理机制。

4. 人工智能和大数据带来的挑战

人工智能（AI）和大数据的快速发展为各行各业带来了巨大的机遇和挑战。人工智能的应用使得恶意软件和攻击技术变得更加智能化和隐匿化，同时也为安全防御提供了新的手段，如基于机器学习的威胁检测和自动化响应。然而，人工智能和大数据本身也面临着安全挑战。例如，数据泄露、假数据注入和模型攻击等问题可能导致人工智能的性能和可靠性受到威胁。因此，如何在人工智能和大数据环境中保护数据隐私、确保数据质量和提高模型的安全性成为重要的研究方向。

5. 供应链攻击带来的挑战

随着全球化和供应链的复杂性增加，供应链安全变得越来越重要。供应链攻击的风险不断上升，攻击者可通过操纵或侵入供应链环节来实施攻击，从而影响整个生态系统的安全性。企业或组织需要采取综合性的供应链安全策略，包括供应商的风险评估和管理、供应链审计、合同管理和技术防御等方面的措施，以确保供应链的可信度和安全性。

6. 法规和合规性带来的挑战

随着全球数据保护法规的不断出台和更新，企业或组织面临着越来越复杂的合规性要求。例如，GDPR 对个人数据的处理提出了严格的规定和要求。同时，不同行业也制定了针对特定领域的安全合规标准和要求。企业或组织需要建立合规性框架，包括隐私管理、数据处理规范、安全审计和风险评估等方面的措施，以满足法规和合规性的要求。

> **结语**
>
> 当前，信息安全面临着许多挑战，了解和应对这些挑战有助于建立可持续的数字安全体系。企业或组织需要采取综合性的安全策略来保护信息资产、维护隐私权益，并确保业务的持续稳定进行。

1.3 信息安全对可持续发展的重要性

> **引言**
>
> 信息技术的迅猛发展和广泛应用带来了巨大的机遇，同时也带来了新的挑战和威胁。建立可持续的数字安全体系对于保护企业或组织的利益、确保业务的连续性，以及维护社会稳定具有重要意义。本节将从经济、社会和技术等层面来介绍信息安全对可持续发展的重要性。

1. 经济层面的影响

(1) 保护企业或组织的利益。信息安全的重要性在于保护企业或组织的核心利益。保护机密信息、商业机密和知识产权，对于企业或组织的竞争力和长期发展至关重要。信息安全的缺陷通常会导致商业机密泄露、知识产权侵权和商业损失。通过建立可持续的数字安全体系，企业或组织能够保护其核心利益，确保竞争优势和持续增长。

(2) 促进数字经济发展。数字经济已成为推动经济增长和创新的关键驱动力。然而，数字经济的发展也伴随着更多的风险。信息安全是数字经济发展的基础，它为数字交易、在线支付、电子商务和云计算等活动提供了安全保障。通过建立可持续的数字安全体系，可促进数字经济的发展，激发创新，增强经济韧性。

2. 社会层面的影响

信息安全对于保护个人隐私权至关重要。随着个人数据的不断增加和数字化身份的普及，个人隐私面临着更多的威胁。数据泄露、滥用个人信息和身份盗窃等事件对个人隐私造成了严重威胁。建立可持续的数字安全体系可以保护个人隐私，维护个人权利和尊严。

信息安全对于维护社会稳定和公共安全至关重要。信息基础设施的安全性直接关系到国家安全和公共利益。网络攻击、恶意软件和网络犯罪等威胁可能会对社会秩序和公共安全造成严重影响。通过建立可持续的数字安全体系，加强网络安全防御，可提升国家和社会的安全防范能力，维护社会的稳定和安全。

3. 技术层面的影响

(1) 保障业务连续性和抵御风险。信息安全对于业务连续性和风险管理至关重要。企业或组织面临的威胁和风险日益复杂和多样化，如网络攻击、数据泄露和业务中断等。建立可持续的数字安全体系可帮助企业或组织及时识别和应对威胁，降低风险，并保障业务的连续性和稳定运行。

(2) 促进技术创新和可信环境。信息安全是技术创新的基石。在一个可信和安全的环境中，创新能够得到更好的保护和推广。通过建立可持续的数字安全体系，可促进技术创新，提高技术的可信度和可靠性，推动科技进步和社会发展。

> **结语**
>
> 信息安全对可持续发展有重要影响和意义。在经济层面，信息安全可保护企业或组织的利益，促进数字经济的发展。在社会层面，信息安全可维护个人隐私权，维护社会稳定和公共安全。在技术层面，信息安全可保障业务连续性和抵御风险，促进技术创新和可信环境的建立。通过建立可持续的数字安全体系，可在数字化时代充分利用信息技术的优势，确保信息的安全性和可靠性，为可持续发展奠定坚实基础。

1.4 本章小结

信息安全是一个不断演变和发展的领域，随着科技的进步和社会的变革，它面临着新的挑战和机遇。本章主要介绍信息安全的演变与趋势，主要内容包括信息安全的历史演进、信息安全面临的主要挑战、信息安全对可持续发展的重要性。

在面对不断变化的威胁和技术发展时,我们需要不断学习和创新,采取综合性的安全策略,包括技术防御、合规管理、供应链安全和人员培训等方面的措施。只有建立可持续的数字安全体系,才能在数字化时代充分利用信息技术的优势,确保信息的安全性和可靠性,为可持续发展奠定坚实基础。

第 2 章
信息安全规划的制定与管理

本章主要介绍信息安全规划的制定与管理,帮助读者制定和管理有效的信息安全规划。通过理解和应用信息安全规划,企业或组织能够建立可持续的数字安全体系,保护信息资产、应对威胁,并确保业务的连续性和稳定性。战略性信息安全规划、风险评估与管理、信息安全治理与合规性这三个方面是相互支持和补充的,可为读者提供信息安全规划制定和管理的视角与方法。

2.1 信息安全规划

> **引言**
>
> 信息安全规划是建立可持续的数字安全体系的关键步骤,信息安全规划必须与企业或组织的整体战略目标和需求相一致。在数字化时代,信息安全的重要性与日俱增,企业或组织需要制定有效的信息安全规划来应对不断增长的安全挑战。本节主要介绍信息安全规划的重要性、目标和关键要素,并提供实用的指导和方法来帮助企业或组织建立有效的信息安全规划。

2.1.1 信息安全规划的重要性

(1)保障企业或组织的核心利益:信息安全规划可确保企业或组织的核心利益得到保护,包括商业机密、知识产权和客户数据等。

(2)支持企业或组织的战略目标:信息安全规划必须与企业或组织的整体战略目标一致,为企业或组织的长期发展提供保障。

(3)提高企业或组织的竞争力:良好的信息安全规划能够增强企业或组织的竞争力,赢得客户的信任和合作。

2.1.2 信息安全规划的目标

(1)识别和评估风险:信息安全规划的目标之一是识别和评估企业或组织面临的风险,包括内部威胁和外部威胁。

(2)安全目标和指标的制定:基于风险评估的结果,制定具体的安全目标和指标,确保企业或组织的安全稳定运行。

（3）资源需求和规划的确定：信息安全规划应考虑企业或组织的资源需求，包括人力、技术和财务方面的投入。

（4）应对策略和措施的制定：针对识别到的风险，制定相应的应对策略和措施，确保风险得到有效管理和控制。

（5）信息安全意识的培训和信息安全文化的建设：信息安全规划应促进企业或组织内部信息安全意识的培训和信息安全文化的建设，使安全成为企业或组织的价值观和行为准则。

2.1.3 信息安全规划的关键要素

（1）确定企业或组织的安全需求：了解企业或组织的业务需求、关键资产和信息流程，以确定安全需求和优先级。

（2）制定战略目标和方针：制定明确的战略目标和方针，确保信息安全规划与企业或组织的整体战略目标一致。

（3）进行风险评估：通过风险评估方法，识别和评估企业或组织面临的风险，包括内部威胁和外部威胁。

（4）制定安全策略：基于风险评估的结果，制定安全策略，包括安全控制和技术措施的选择及实施。

（5）资源规划和管理：根据安全策略确定所需的资源，并进行有效的资源管理和调配。

（6）持续监测和改进：建立监测机制，定期评估信息安全规划的实施效果，及时进行改进和调整。

2.1.4 信息安全规划的实践指导和建议

（1）利益相关方的参与：在制定信息安全规划的过程中，确保利益相关方的广泛参与和反馈，增强规划的可接受性和实施效果。

（2）持续的沟通和教育：建立有效的沟通渠道，向企业或组织成员传达信息安全规划和政策，并提供持续的安全培训和教育。

（3）监测和度量指标：建立合适的度量指标和监测机制，评估信息安全规划的实施效果，并及时进行调整和改进。

（4）定期审查和更新：定期审查和更新信息安全规划，确保其与不断变化的威胁和技术发展相适应。

结语

通过制定信息安全规划，企业或组织能够识别和评估风险，制定具体的安全目标和措施，并确保资源的合理规划和管理。有效的信息安全规划将提高企业或组织的竞争力，保护核心利益，支持整体战略目标的实现。通过持续的监测和改进，信息安全规划能够适应不断变化的威胁和技术发展，为企业或组织提供可靠的信息安全保障。

2.2 风险评估与管理

> **引言**
>
> 在数字化时代，企业或组织面临着日益复杂和多样化的威胁，包括数据泄露、网络攻击、恶意软件等。为了应对这些威胁，风险评估与管理成为构建可持续的数字安全体系的关键步骤。本节将介绍风险评估与管理的重要性、目标和关键要素，并提供实用的指导和方法来帮助企业或组织识别、评估和管理风险。

2.2.1 风险评估与管理的重要性

（1）识别潜在的威胁：风险评估的目标之一是识别企业或组织面临的潜在的威胁和安全漏洞，包括内部威胁和外部威胁。潜在的威胁要素如图 2-1 所示。

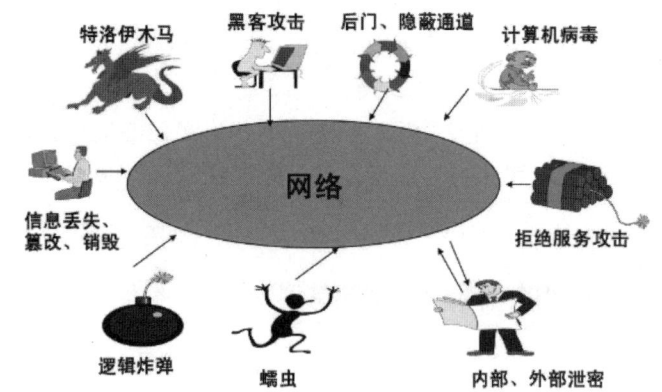

图 2-1　潜在的威胁要素

（2）评估威胁的潜在影响：通过风险评估，企业或组织可以评估威胁对业务和信息资产的潜在影响，为风险管理提供依据。威胁潜在影响的评估流程如图 2-2 所示。

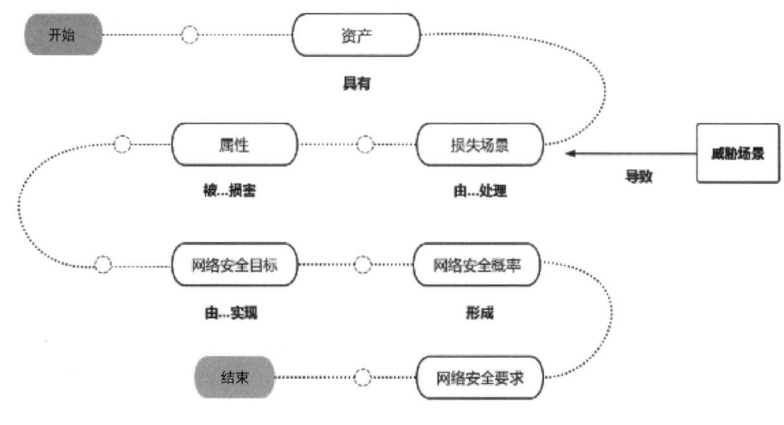

图 2-2　威胁潜在影响的评估流程

(3)确定风险的优先级：基于评估结果，企业或组织能够确定风险的优先级，确保风险管理的有效实施。风险的优先级如图 2-3 所示。

风险值	风险等级	备注
30-36	特别重大风险	V级
18-25	重大风险	IV级
9-16	中等风险	III级
3-8	一般风险	II级
1-2	低风险	I级

图 2-3　风险的优先级

(4)支持决策和资源分配：风险评估提供了有关安全投入的信息，可帮助企业或组织进行决策和资源分配。风险评估对决策的支持如图 2-4 所示。

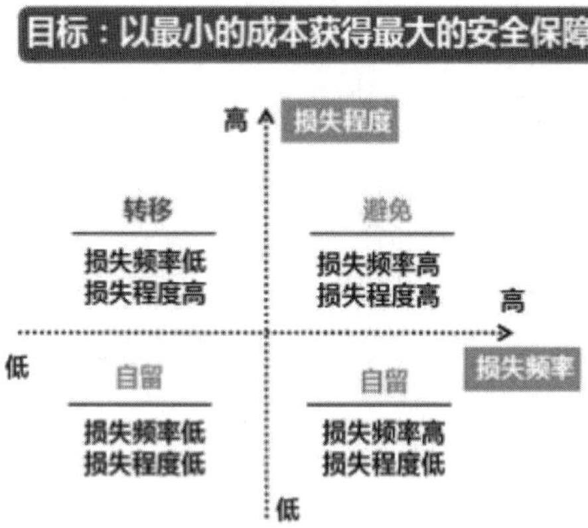

图 2-4　风险评估对决策的支持

2.2.2　风险评估与管理的目标

(1)识别和分析威胁：通过收集和分析信息，识别和理解企业或组织所面临的威胁和风险。

(2)评估威胁的潜在影响：对已识别的威胁进行评估，确定其对企业或组织业务和信息资产的潜在影响。

(3)优先级排序和风险量化：将威胁按照优先级进行排序，并进行风险量化，以便制定有针对性的风险管理措施。

(4)支持风险管理和决策：风险评估提供了决策者所需的信息和数据，可用于风险管理和资源分配。

2.2.3　风险评估与管理的关键要素和步骤

(1)收集和整理信息：收集和整理与风险相关的信息，包括业务流程、信息系统、安全政策和程序等。

(2)识别和分类威胁：识别可能的威胁并对其进行分类，以便更好地进行评估和管理。

(3)评估潜在影响和可能性：评估已识别的威胁对业务和信息资产的潜在影响，并确定其可能性和发生概率。

（4）优先级排序和风险量化：按照优先级对威胁进行排序并进行风险量化，以便制定有针对性的风险管理措施。

（5）制定风险管理策略：基于评估结果制定风险管理策略，包括风险防范、控制和应对措施的选择及实施。

（6）监测和改进：建立风险监测机制，定期检验风险评估与管理的实施效果，并进行必要的改进和调整。

2.2.4 风险评估与管理的实践指导和建议

（1）多学科团队的合作：风险评估需要多学科团队的合作，包括安全专家、风险管理团队和业务相关团队。

（2）持续的风险评估和监测：风险评估是一个持续的过程，需要定期进行风险评估和监测，以适应不断变化的威胁。

（3）风险沟通和共享：及时沟通和共享风险评估结果及建议，以便企业或组织的各级管理层和相关人员能够了解和应对风险。

（4）保持透明和合规性：在进行风险评估和管理时，要确保透明度和合规性，遵守相关法规和标准。

结语

通过对威胁进行识别、评估和管理，企业或组织能够理解和应对不断变化的安全挑战。风险评估与管理提供了有关威胁潜在影响和风险量化的信息，可为企业或组织的决策和资源分配提供依据，帮助企业或组织构建坚实的安全防御体系，确保信息资产的安全和业务的持续性。

2.3 信息安全治理与合规性

引言

在当今数字化时代，企业或组织面临着日益增长的信息安全威胁和合规性要求。本节主要探讨信息安全治理和合规性的概念和目标、关键要素、合规性要求和挑战，并提供实用的指导和方法来帮助企业或组织建立有效的信息安全治理框架和实施合规性措施。

2.3.1 信息安全治理的概念和目标

信息安全治理是一种综合性的管理方法，旨在确保企业或组织的信息资产得到适当的保护，并实现信息安全的目标。

信息安全治理的主要目标是建立一个系统化、协调一致的信息安全管理体系，确保信息资产的机密性、完整性和可用性。

2.3.2 信息安全治理的关键要素

（1）高层管理人员的领导和承诺：高层管理人员的领导和承诺对于信息安全治理至关重要，他们应该制定明确的信息安全政策和目标，并提供必要的支持。

（2）组织结构和责任：建立清晰的信息安全组织结构，明确责任和权限，确保信息安全职责落实到位。

（3）监督和评估：建立有效的监督和评估机制，定期检查和评估信息安全的有效性，并进行必要的改进。

（4）信息安全培训：提供相关的培训和教育，使相关人员能够积极参与信息安全的建设。

2.3.3 合规性要求与挑战

合规性要求是指企业或组织必须遵守适用的法律法规和行业标准，保护客户数据和敏感信息，避免潜在的法律风险。

合规性挑战是指企业或组织面临着不断变化的合规性要求，包括数据保护、隐私保护、安全标准等方面的要求，需要建立合规性框架和流程。

2.3.4 信息安全治理与合规性的实施步骤

（1）制定信息安全政策和目标：企业或组织应制定明确的信息安全政策和目标，并确保其与业务目标一致。信息安全的目标如图 2-5 所示。

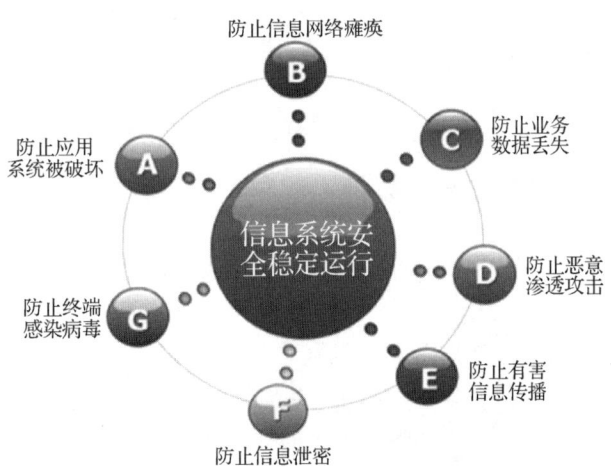

图 2-5　信息安全的目标

（2）风险评估和管理：评估企业或组织面临的风险，并制定相应的风险管理策略和措施。风险评估示意图如图 2-6 所示。

（3）信息安全控制和技术实施：实施适当的信息安全控制和技术措施，可保护信息资产和系统的安全。信息安全控制和技术实施的三维关系如图 2-7 所示。

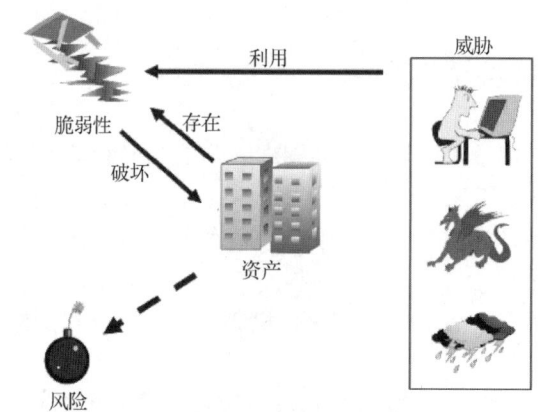

图 2-6　风险评估示意图

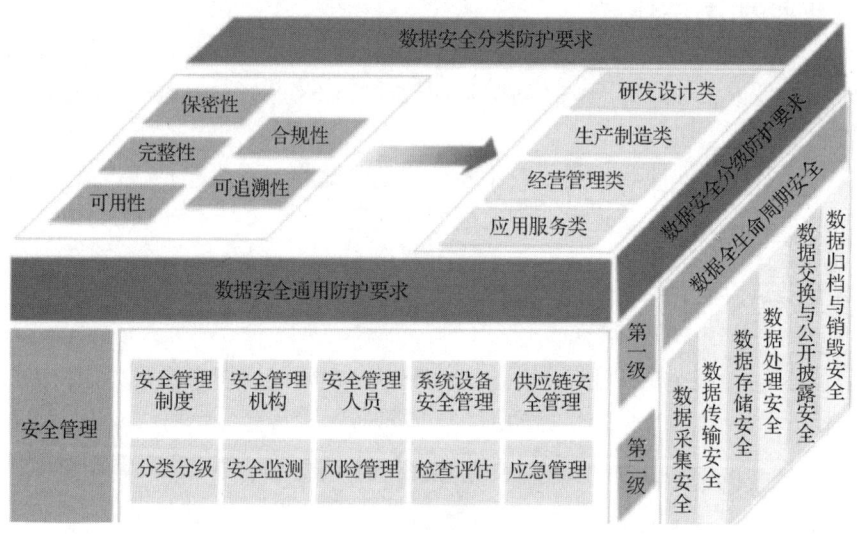

图 2-7　信息安全控制和技术实施的三维关系

（4）监督和评估：建立监督和评估机制，定期检查和评估信息安全的有效性，并进行必要的改进。

（5）培训和教育：提供相关的培训和教育，提高企业或组织成员的信息安全意识和技能。

（6）合规性管理和审计：建立合规性管理框架，确保企业或组织遵守适用的法律法规和行业标准，并进行合规性审计和检查。信息安全合规性的管理和审计如图 2-8 所示。

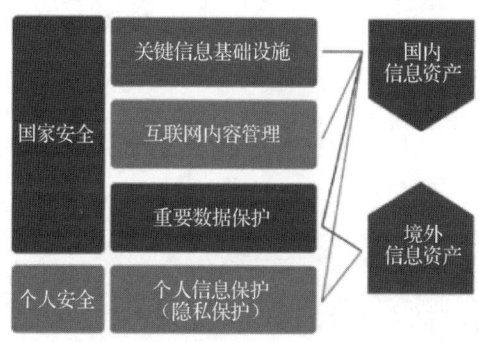

图 2-8　信息安全合规性的管理和审计

2.3.5 信息安全治理与合规性的实践指导和建议

（1）建立信息安全治理框架：制定信息安全政策、程序和指南，确保信息安全管理的一致性和连续性。

（2）实施合规性措施：了解适用的法律法规和行业标准，制定合规性措施和流程，并进行定期的合规性自查和审计。

（3）实施技术解决方案：采用信息安全管理工具和技术解决方案，提高信息安全管理的效率和效果。

（4）加强合作与共享：与其他企业或组织和合作伙伴分享信息安全经验和最佳实践，共同应对信息安全挑战。

结语

通过实施信息安全治理框架和合规性措施，企业或组织可以建立有效的信息安全管理体系，保护信息资产并遵守适用的法律法规和行业标准。建议企业或组织在信息安全治理和合规性方面采取一系列的实践措施，包括建立信息安全治理框架、实施合规性措施、实施技术解决方案，以及加强合作与共享等。通过不断提升信息安全治理和合规性水平，企业或组织可以应对日益增长的信息安全挑战，并确保信息资产的安全和业务的持续性。

2.4 本章小结

本章主要介绍信息安全规划的制定与管理。通过制定合适的信息安全规划，实施风险评估与管理，以及信息安全治理与合规性措施，企业或组织可以建立有效的信息安全防御体系，有效应对信息安全威胁。

本章首先介绍了信息安全规划的重要性、目标、关键要素、实践指导与建议。在高度数字化和互联的环境中，制定与企业或组织整体战略目标一致的信息安全规划至关重要。在制定信息安全规划时，需要考虑企业或组织的业务需求、法规要求和技术趋势，以便建立全面且灵活的信息安全框架。

本章接着简要介绍了风险评估与管理的重要性、目标、关键要素与步骤、实践指导与建议。通过风险评估与管理，企业或组织可识别和评估其面临的威胁和风险，采取适当的风险管理策略和措施。

本章最后讨论了信息安全治理的概念和目标、信息安全治理的关键要素、合规要求与挑战、信息安全治理与合规性的实施步骤、信息安全治理与合规性的实践指导和建议。信息安全治理是确保信息安全规划的目标得以实现的关键环节。

第 3 章
信息安全文化、意识和行为

建设信息安全文化是确保信息安全长期有效的关键步骤。通过建设积极的信息安全文化，企业或组织能够促使每个成员都认识到信息安全的重要性，并将信息安全文化融入日常的工作和行为中。

信息安全意识的培养是构建信息安全防御体系的关键环节。信息安全意识是指企业或组织的成员对信息安全的认知和理解，它是信息安全文化的核心驱动力。通过有效的培训、教育和宣传，能够提高企业或组织成员的信息安全意识，使他们具备识别风险并采取安全措施的能力，从而有效地预防和应对风险。

促进信息安全行为的落地与实施是信息安全意识的具体体现。信息安全行为是信息安全意识的行动表现，建立激励机制、制定明确的行为规范、持续的监测与评估等措施是促进信息安全行为落地与实施的关键要素。通过这些措施，企业或组织能够将信息安全意识转化为具体的行动，并在全员参与的情况下构建信息安全防御体系。

3.1 信息安全文化的建设

> **引言**
>
> 在当今高度数字化和互联的社会中，信息安全已成为企业或组织必须重视和应对的关键挑战。然而，单纯靠技术措施是不够的，还需要建设一种积极的信息安全文化，使信息安全成为企业或组织内每个成员的共同责任和行为准则。本节将介绍信息安全文化的定义与特征、信息安全文化的重要性、建设信息安全文化的策略与方法、信息安全文化建设的持续推进。

3.1.1 信息安全文化的定义与特征

信息安全文化是指企业或组织内部的价值观、行为规范和共识，反映了企业或组织对信息安全的重视程度和整体信息安全意识。信息安全文化不仅涵盖技术和政策，更重要的是影响着企业或组织成员对信息安全的态度和行为。

信息安全文化具有以下特征：

（1）企业或组织内部的共同价值观：信息安全被视为企业或组织的核心价值观之一，成为企业或组织成员共同追求和遵守的准则。企业或组织内部共同价值观的关系如图 3-1 所示。

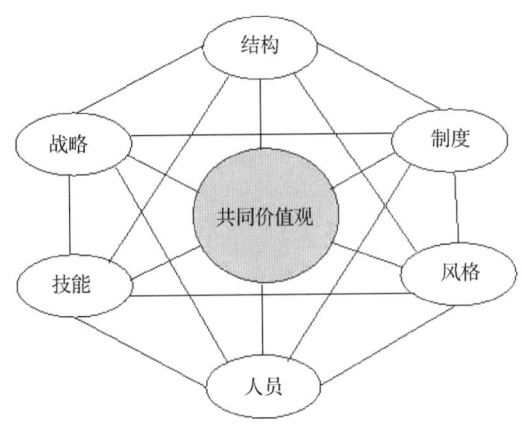

图 3-1 企业或组织内部共同价值观的关系

(2) 行为规范的制定:企业或组织制定了明确的行为规范,包括信息安全政策、程序和准则,以规范企业或组织成员的行为。

(3) 企业或组织成员的信息安全意识:企业或组织成员对信息安全的重要性有深刻的认识,能够识别潜在的风险,并采取相应的安全措施。

(4) 信息安全教育与培训:企业或组织提供定期的信息安全培训和教育,以提高企业或组织成员的信息安全意识和能力。

(5) 领导层的重视与支持:企业或组织的领导层充分重视信息安全,以身作则,并提供必要的支持和资源。

3.1.2 信息安全文化的重要性

首先,信息安全文化可以提高企业或组织对信息安全的关注和投入。将信息安全文化纳入企业或组织的核心价值观和战略规划,可以使信息安全成为企业或组织的重要组成部分,有助于企业或组织将信息安全文化融入日常的业务流程中,确保信息安全得到足够的资源和支持。

其次,信息安全文化有助于提高企业或组织成员的信息安全意识和能力。通过建设积极的信息安全文化,企业或组织成员能够更好地理解和认识信息安全的重要性,增强对信息安全的责任感和主动性,更好地识别和评估潜在的风险并采取相应的安全措施,从而为企业或组织提供一道强大的安全防线,预防和减少信息安全事件的发生。

此外,信息安全文化还能够增强企业或组织的抗网络攻击能力,使其能够更好地应对和防范信息安全威胁。当企业或组织成员都认识到信息安全的重要性并将其视为企业或组织的共同责任时,就会更加积极地参与信息安全,有助于及早发现和应对潜在的安全威胁和安全漏洞,并采取相应的措施来减小风险和损失。

3.1.3 建设信息安全文化的策略与方法

首先,企业或组织领导层的重要作用不可忽视。领导层应当以身作则,积极参与和支持信息安全工作,树立良好的榜样和引领作用。企业或组织的领导层应明确传达对信息安全的重视和承诺，并将信息安全纳入企业或组织的战略规划和业务决策中。

其次，企业或组织应明确信息安全目标，并制定相应的信息安全规划，包括制定信息安全政策和程序、建立信息安全组织结构和责任体系，以及制订信息安全培训和教育计划。信息安全培训应包括基本的信息安全培训、具体的操作规范培训和安全应急演练等，以提高企业或组织成员的信息安全意识和能力。

此外，企业或组织还可以通过内部沟通、知识共享和激励机制等手段来促进信息安全文化的建设。内部沟通可以加强信息安全知识的传播和共识的形成，促进企业或组织成员之间的合作和协调。知识共享可以促进信息安全经验和最佳实践的传播和应用，提高企业或组织的整体安全水平。激励机制可以通过奖励和认可来激励企业或组织成员积极参与信息安全工作。

3.1.4　信息安全文化建设的持续推进

信息安全文化建设的持续推进也具备相当的重要性。信息安全文化的建设并非一蹴而就，需要企业或组织持续推进。

首先，企业或组织应定期评估和审查信息安全文化的建设成效，确定改进的方向和重点。

其次，持续的培训和教育是推进信息安全文化建设的关键要素，企业或组织应持续投入资源，确保企业或组织成员的信息安全意识和能力不断得到提升。

此外，沟通和宣传在信息安全文化的持续推进中起着重要的作用。企业或组织应确保信息安全政策得到广泛传达和理解，并定期与企业或组织成员分享信息安全的最新动态和趋势。通过内部沟通和宣传，企业或组织成员能够更好地了解信息安全的重要性和相关要求，从而更加积极地参与信息安全工作。

结语

信息安全文化不仅能提高企业或组织对信息安全的关注和投入，还能提升企业或组织成员的信息安全意识和能力。通过建设积极的信息安全文化，企业或组织能够建立有效的信息安全防御体系，预防和减少信息安全事件的发生。因此，企业或组织应认识到信息安全文化的重要性，并采取相应的策略和措施来推进信息安全文化的建设。

3.2　信息安全意识的培养

引言

信息安全不仅依赖于技术措施，更需要企业或组织成员具备良好的信息安全意识。本节将介绍信息安全意识的定义与特征、培养信息安全意识的重要性、培养信息安全意识的策略与方法、信息安全意识培养的持续推进。

3.2.1　信息安全意识的定义与特征

信息安全意识是指企业或组织成员对信息安全的认知、理解和态度，它包括对信息安全的重要性的认识、对风险和威胁的识别,以及对正确安全行为和措施的采纳。

信息安全意识具有以下特征:

(1)认知与理解:企业或组织成员了解信息安全的基本概念、原则和标准,并认识到信息安全对企业或组织和个人的重要性。

(2)风险识别与评估:企业或组织成员能够识别潜在的风险和威胁,并对其进行合理的评估和判断。风险的识别与评估模型如图 3-2 所示。

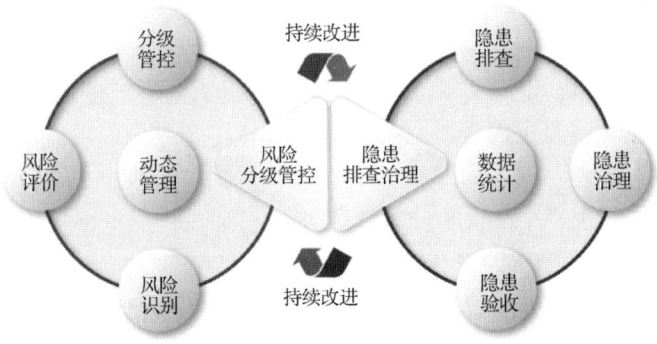

图 3-2　风险的识别与评估模型

(3)安全行为采纳:企业或组织成员采取正确的安全行为和措施,遵守信息安全政策和规定,保护企业或组织的信息资产和利益。

(4)持续学习与改进:企业或组织成员保持对信息安全的持续学习和关注,不断提升自身的信息安全意识和能力。

3.2.2　信息安全意识的重要性

培养信息安全意识是保障信息安全的意识形态层面的坚强护盾。

首先,信息安全意识是信息安全的第一道防线。企业或组织成员作为信息系统的最终用户,其行为和决策直接影响着信息系统的安全性。因此,培养信息安全意识能够有效预防和减少信息安全事件的发生。

其次,培养信息安全意识能够提高企业或组织成员对信息资产的保护意识。信息资产是企业或组织的重要资源,包括机密数据、商业机密、客户信息等。培养信息安全意识可以使企业或组织成员更加关注和保护这些重要的信息资产,减少信息泄露和滥用的风险。

此外,培养信息安全意识还能够增强企业或组织的信息安全文化。当企业或组织成员都具备较高的信息安全意识时,就能够更好地理解和遵守信息安全政策和规定,从而形成一种积极的信息安全文化。这种文化可以将信息安全纳入企业或组织的核心价值观和行为准则中,使信息安全成为企业或组织的共同责任和行动准则。

3.2.3　培养信息安全意识的策略与方法

培养信息安全意识的策略和方法是形成企业或组织成员信息安全职业能力的必要路径。

首先,企业或组织应制订信息安全培训计划,以确保企业或组织成员接受系统化的信息安全培训。信息安全培训内容应涵盖信息安全的基本概念、风险识别和评估、安全行为和措施等方面。培训形式可以包括在线培训、面对面培训、信息安全竞赛等，以满足不同成员的学习需求。

其次，企业或组织应定期举办信息安全活动和演练，以提高企业或组织成员的信息安全意识和应急响应能力。信息安全活动和演练包括模拟安全事件的处理、企业或组织成员的角色扮演与演练，以及信息安全竞赛和奖励活动等。这些活动和演练可增强企业或组织成员的参与度和积极性，提高他们对信息安全的关注度。

此外，企业或组织应加强内部沟通和知识共享，以促进信息安全知识的传播和共识的形成。内部沟通可以通过企业或组织的内部网站、电子邮件、会议和工作坊等形式，传达信息安全的重要性和相关要求。知识共享可以通过企业或组织的内部培训、经验交流和最佳实践分享等方式，促进企业或组织成员学习信息安全知识。

3.2.4　信息安全意识培养的持续推进

信息安全意识培养的持续推进对于保障企业或组织的信息安全具有重要意义。信息安全意识的培养不是一次性的活动，而是一个持续的过程。企业或组织应定期评估和审查信息安全的培训成效，以确定改进的方向和重点。持续的培训和教育是培养信息安全意识的关键要素，企业或组织应持续投入资源，确保企业或组织成员的信息安全意识和能力得到不断提升。

此外，企业或组织应通过奖励机制来激励那些积极参与信息安全工作的成员，如表彰优秀的信息安全行动、设立信息安全奖励计划等。奖励机制可以增强企业或组织成员的参与度和积极性，进一步巩固和推进信息安全意识的培养。

结语

> 信息安全意识能够提高企业或组织成员对信息安全的关注和重视，增强他们对信息资产的保护意识，并促进整体信息安全文化的建设。

3.3　信息安全行为的落地与实施

引言

> 在当今高度数字化和互联的环境中，信息安全的重要性变得愈加凸显。除了需要依赖技术手段保护信息系统的安全性，企业或组织还需要重视并促进信息安全行为的落地与实施。本节主要介绍信息安全行为的定义与特征、信息安全行为的重要性、促进信息安全行为落地与实施的策略及方法、信息安全行为落地与实施的持续推进。

3.3.1　信息安全行为的定义与特征

信息安全行为是企业或组织成员在处理和使用信息时所采取的行动和措施，目的是确保信息资产的保密性、完整性和可用性。信息安全行为不仅涉及技术方面的安全措施，还涉及企业或组织的信息安全文化、人员行为、政策与规程等多个层面。有效的信息安全行为应具

备以下特征：

（1）遵守规定：企业或组织成员应遵守信息安全政策、标准和最佳实践（包括密码管理、访问控制、数据备份等方面）的规定，并积极将这些规定应用于日常的工作。

（2）警惕意识：企业或组织成员应具备警惕意识，能够识别和评估潜在的威胁和风险，应具备分析和解决安全问题的能力，并采取适当的安全防御措施以应对威胁。

（3）责任心与义务：企业或组织成员应意识到自身在信息安全中的责任和义务，应主动参与信息安全工作，配合并支持安全措施的实施，及时报告安全事件和异常。

（4）持续学习与改进：企业或组织成员应持续学习和更新信息安全知识，关注行业的最新发展和威胁动态，不断提升自身的技能和能力，以适应不断变化的信息安全环境。

3.3.2 信息安全行为的重要性

信息安全行为对企业或组织的信息安全具有重要意义。从信息安全专业角度看，信息安全行为的重要性如下：

（1）增强整体安全防御：信息安全行为可以有效增强企业或组织的整体安全防御能力。技术措施虽然重要，但这些技术措施往往建立在企业或组织成员的信息安全行为的基础上。只有通过合规性的行为实践，才能将技术措施与人员行为相结合，形成一个有效的信息安全防御体系。整体信息安全防御如图 3-3 所示。

图 3-3　整体信息安全防御

（2）预防和减少安全事件：信息安全行为可以预防和减少安全事件的发生。通过建立有效的安全措施、规定和程序，企业或组织成员可以正确地处理信息、使用工具和设备，避免安全漏洞和风险的产生。预防和减少安全事件发生的关键措施如图 3-4 所示。

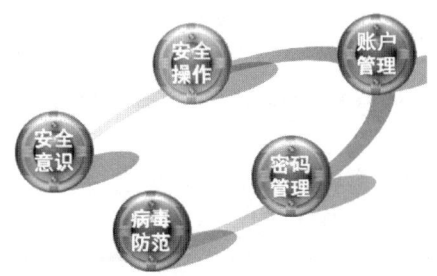

图 3-4　预防和减少安全事件发生的关键措施

（3）保护信息资产的价值：企业或组织的信息资产是其核心财产，需要得到充分的保护，信息安全行为可以确保信息资产的保密性、完整性和可用性，防止其被恶意篡改、泄露或损坏，有助于保护企业或组织的商业机密、客户信息和知识产权等重要资产。

（4）促进信息安全文化的建设：信息安全行为有助于建设良好的信息安全文化。良好的信息安全文化是指企业或组织成员普遍关注和重视信息安全，将信息安全视为共同责任。良好的信息安全文化可以促进信息安全意识的提高，加强企业或组织成员之间的合作与协调，形成一个整体推动信息安全的合力。某信息安全公司的信息安全文化墙如图 3-5 所示。

图 3-5　某信息安全公司的信息安全文化墙

3.3.3　促进信息安全行为落地与实施的策略及方法

为了促进信息安全行为的落地与实施，企业或组织可以采取以下策略和方法：

（1）制定明确的安全政策和规程：企业或组织应制定明确的安全政策和规程，规范和约束企业或组织成员的行为。这些政策和规程应包括密码管理、访问控制、数据保护等方面的要求，以确保企业或组织成员遵守和执行相关的安全措施。

（2）提供系统的培训和教育：企业或组织应提供系统的信息安全培训和教育，以培养企业或组织成员的信息安全意识。培训内容可以涵盖信息安全意识培养、安全操作指南、威胁和攻击手法的认知等方面。培训形式可以包括在线课程、面对面培训、模拟演练等，以满足不同成员的需求。

（3）建立有效的内部沟通和反馈机制：企业或组织应建立有效的内部沟通和反馈机制，以便其成员了解安全政策和规程的变化。同时，企业或组织应鼓励其成员报告安全事件和安全漏洞，并及时给予反馈和奖励，以促进信息安全行为的改进和加强。

（4）开展信息安全活动和宣传：企业或组织可以开展各种信息安全活动和宣传，以提高其成员对信息安全的关注度。这些活动和宣传可以包括信息安全月、安全竞赛、海报和宣传资料等，可通过多样化的形式激发企业或组织成员的参与度。

3.3.4　信息安全行为落地与实施的持续推进

信息安全行为的落地与实施是一个持续不断的过程，企业或组织应将其视为一项战略任务，并持续投入资源。为了实现信息安全行为的持续推进，可以采取以下措施：

（1）建立信息安全绩效评估体系：企业或组织应建立信息安全绩效评估体系，定期对其成员的信息安全行为进行评估和检查。评估结果可以在企业或组织改进信息安全行为和制订相应的培训计划时提供参考。

（2）鼓励企业或组织成员积极参与：企业或组织应鼓励其成员积极参与信息安全行为的落地与实施，鼓励他们提出建议和分享最佳实践。通过认可和奖励良好的信息安全行为，可激励企业或组织成员更加积极地参与信息安全工作。

（3）不断更新和改进安全措施：随着威胁的演变，企业或组织应不断更新和改进安全措施，以适应新的安全挑战。企业或组织成员应积极参与安全措施的改进，确保安全措施与实际需求相匹配。

结语

通过制定明确的安全政策和规程、提供系统的培训和教育、建立有效的内部沟通和反馈机制、开展信息安全活动和宣传，企业或组织可以有效推进信息安全行为的落地与实施。这将增强企业或组织的整体安全防御能力、预防安全事件的发生、保护信息资产，并建立良好的信息安全文化。企业或组织应从信息安全的专业角度来推进信息安全行为的落地与实施。

3.4 本章小结

本章主要介绍了信息安全文化、意识和行为的相关内容，主要内容包括：

（1）信息安全文化的建设：包括信息安全文化的定义与特征、信息安全文化的重要性、建设信息安全文化的策略与方法、信息安全文化建设的持续推进。

（2）信息安全意识的培养：包括信息安全意识的定义与特征、信息安全意识的重要性、培养信息安全意识的策略与方法、信息安全意识培养的持续推进。

（3）促进信息安全行为的落地与实施：包括信息安全行为的定义与特征、信息安全行为的重要性、促进信息安全行为落地与实施的策略及方法、信息安全行为落地与实施的持续推进。

本章旨在帮助读者了解和认识信息安全文化、意识和行为的重要性，以及如何在企业或组织中有效推动信息安全的实践。本章提供了一系列策略和方法，可帮助企业或组织建设信息安全文化。

第 2 部分
数字安全架构

数字安全体系是指建立在信息系统和网络基础上的全面、系统的安全保障体系,它包含了一系列安全措施、技术、政策和流程,旨在保护数字化环境中的信息资产,确保信息资产的保密性、完整性和可用性。

首先,数字安全体系具有重要的理论意义。数字安全体系以综合性为核心,将不同层面、不同方面的安全措施整合在一起,形成一个全面的安全保障体系。同时,数字安全体系强调协同性,鼓励各个安全要素之间进行紧密配合和协作,以形成合力,应对复杂的威胁。数字安全体系注重灵活性,能够根据不同企业或组织的特点和需求进行定制和调整,它应该是一个持续演进的过程,能够适应不断变化的威胁环境和技术发展,保持与时俱进。数字安全体系强调可持续性,要求安全措施和政策能够长期有效地运行和维护。同时,它追求一体化的安全保障,让安全成为企业或组织的一部分,贯穿于整个业务流程和信息生命周期。

其次,数字安全体系具有重要的实践意义。数字安全体系可以帮助企业或组织建立更加全面和系统的安全保障体系,提高安全防御的效果和能力。通过综合性的安全措施和协同性的合作,企业或组织能够更好地发现和应对威胁。数字安全体系注重风险导向,可帮助企业或组织优先处理高风险的安全问题,降低可能的风险和损失。同时,数字安全体系的灵活性和适应性,使企业或组织能够及时调整安全措施,应对不断变化的威胁环境。良好的数字安全体系能够保护企业或组织的信息资产,防止信息泄露和破坏,从而保护客户和合作伙伴的利益,提升企业或组织的声誉和信任度。

总体而言,数字安全体系在信息安全领域具有重要的理论意义和实践意义,它以综合性、协同性、灵活性和可持续性为特点,能够提高安全防御能力、降低风险、保护企业或组织的声誉与信任,促进数字化转型。在日益复杂和多变的威胁面前,数字安全体系是企业或组织保障信息安全的重要保障手段。

第 4 章
安全架构的设计与实施

本章主要讨论数字安全体系（其架构见图 4-1）的核心组成部分——安全架构的设计与实施。本章将围绕安全需求分析与安全架构设计、安全控制与防御机制、安全架构的评估与优化展开讨论。通过本章的学习，读者将对构建一个强大、灵活、综合的安全架构有更深入的理解。

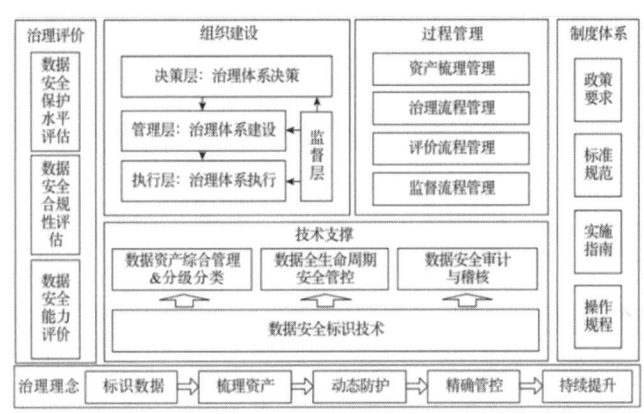

图 4-1 数字安全体系的架构

4.1 安全需求分析与安全架构设计

> **引言**
>
> 在数字化时代，信息系统和网络的复杂性日益增加，威胁和风险也在不断增加。在这样的背景下，建立一个强大、灵活、综合的安全架构成为保障信息资产安全的关键。安全需求分析与安全架构设计是构建数字安全体系的核心环节，涵盖了对安全需求的理解和分析，以及根据需求设计相应的安全架构。本节将探讨安全需求分析的步骤、安全架构的设计原则、安全架构的实施。

4.1.1 安全需求分析的步骤

安全需求分析是构建安全架构的第一步，它是了解企业或组织安全需求、风险状况和业务特点的基础。安全需求分析的步骤如下：

（1）安全需求识别与收集：安全需求识别是安全需求分析的起点，安全需求收集是指从企业或组织内部和外部收集安全需求和期望，如安全政策、法律法规、行业标准、用户需求等。通过与企业或组织成员和利益相关方的沟通，可以全面了解企业或组织的安全需求。

（2）风险评估与分析：风险评估是确定安全需求的关键步骤，包括对企业或组织的信息资产、系统和业务流程进行风险评估和分析，从而识别潜在的风险和威胁。风险评估模型如图 4-2 所示。

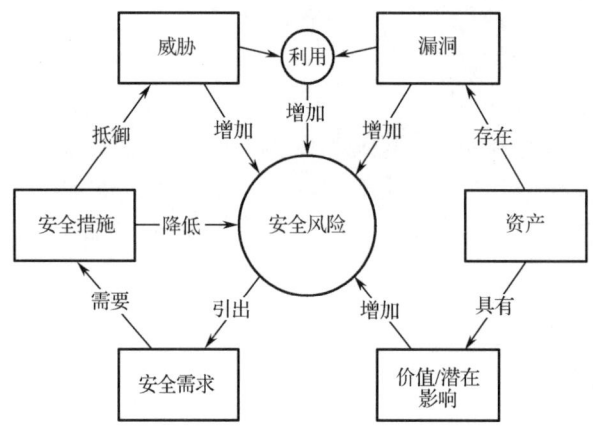

图 4-2　风险评估模型

（3）业务流程分析：了解企业或组织的业务流程是确定安全需求的重要途径。通过对业务流程进行分析，可以确定信息资产的价值和关键业务环节，为安全架构设计提供指导。

（4）安全需求优先级确定：根据风险评估和业务流程分析的结果，确定安全需求的优先级，优先处理高风险和关键领域的安全问题。

4.1.2　安全架构设计的原则

安全架构的设计是在安全需求分析的基础上进行的，目的是保障信息系统和网络的安全。安全架构的设计通常需要遵循以下原则：

（1）综合性与协同性：安全架构的设计是一个综合性的过程，将不同层面、不同方面的安全措施整合在一起，形成一个全面的安全保障体系；同时，安全架构的设计需要强调协同性，鼓励各个安全要素之间进行紧密的配合和协作。

（2）灵活性与适应性：安全架构要求具有灵活性，能够根据不同企业或组织的特点和需求进行定制和调整。

（3）可持续性与一体化：安全架构的设计强调可持续性，要求安全措施和政策能够长期有效地运行和维护；同时，安全架构的设计需要追求一体化的安全保障，让安全成为企业或组织的一部分，贯穿于整个企业或组织的业务流程。

（4）安全架构评审与验证：安全架构的设计应该经过多方面的评审和验证，确保安全架构的合理性和有效性；同时，还应该根据实际情况对安全架构进行模拟和测试，发现潜在的安全问题并加以解决。

4.1.3 安全架构的实施

安全架构的实施是指将设计好的安全架构转化为具体的安全措施和技术的过程。安全架构的实施步骤如下：

（1）规划与组织：安全架构的实施需要明确的规划和组织，包括确定实施的阶段和目标、明确责任和职责、制订详细的实施计划。

（2）安全技术选择与配置：根据安全架构的设计选择和配置合适的安全技术，需要注意不同安全技术之间的兼容性与协同性。

（3）实施的监督与改进：对安全架构的实施过程进行监督和检查，根据实际情况进行调整和改进，不断优化安全架构，确保安全架构实施的质量和效果。

结语

本节简要介绍了安全需求分析的步骤、安全架构设计的原则，以及安全架构的实施。通过安全需求分析，企业或组织能够清楚地了解自身的安全需求和风险状况，为安全架构设计提供明确的目标和指导。合理的安全架构能够确保安全措施和技术的合理配置，形成一个全面、协同的安全保障体系。在实践中，应该将安全需求分析与安全架构设计贯穿于数字安全体系建设的整个过程，不断优化和完善安全架构，保障信息资产的安全性和持续发展。

4.2 安全控制与防御机制

引言

在数字化时代，信息安全面临着日益复杂和多样化的威胁，恶意攻击、数据泄露、网络钓鱼等安全事件时有发生，对企业或组织的信息资产和业务运营造成了严重威胁。为了应对这些安全挑战，构建有效的安全控制与防御机制至关重要。

4.2.1 网络安全控制

网络安全是信息安全的重要组成部分，是保护企业或组织信息资产免受网络攻击和威胁的关键。网络安全控制涉及防火墙与入侵检测系统、反病毒技术与恶意软件防御、网络隔离与安全隧道等技术。

4.2.1.1 防火墙与入侵检测系统

防火墙是企业或组织网络边界的第一道防线，通过设置安全策略和规则、控制数据的进出可以阻止恶意数据进入网络，从而有效降低网络攻击的风险。入侵检测系统是通过监测网络的数据来识别潜在入侵行为并及时发出报警的。通过防火墙和入侵检测系统的联合应用，企业或组织可以及时发现并响应网络威胁，确保网络的安全性。

1. 防火墙的基本原理与技术

（1）包过滤防火墙的原理及优缺点。包过滤（Packet Filtering）防火墙工作在 OSI 参考模型的网络层和传输层，它是根据数据包的帧头信息（如源地址、目的地址、端口号等）来决定是否允许数据包通过防火墙的。包过滤防火墙的优点是简单易行，只关心数据包的来源地址、目标地址和端口号，对网络协议的支持比较全面；其缺点是安全性相对较低，容易受到 IP 地址欺骗等攻击的影响。

（2）应用代理防火墙的原理及优缺点。应用代理（Application Proxy）防火墙工作在 OSI 参考模型的应用层，通过为每种应用服务编制专门的代理程序，实现了监视和控制应用层通信流的目的。应用代理防火墙的安全性高，能对应用层的通信进行详细的审查和控制；其缺点是需要针对每种网络服务编写特定的代理程序，因此实现起来比较复杂。

（3）状态检测防火墙的原理及优缺点。状态检测（State Inspection）防火墙工作在 OSI 参考模型的数据链路层、网络层和传输层，采用一种被称为状态表的数据结构来跟踪每个通过其他防火墙的连接状态，并根据连接状态的变化来确定是否允许相关的数据包通过状态检测防火墙。状态检测防火墙的优点是能检测并阻止一些高级的网络攻击，同时保持较好的网络性能；其缺点是实现起来比较复杂，需要维护大量的状态信息。

2. 入侵检测系统的原理与技术

（1）基于异常行为的入侵检测系统的原理及优缺点。基于异常行为的入侵检测系统首先建立正常行为模式库，然后通过检测系统行为与正常行为模式库之间的偏差来确定是否发生了入侵。基于异常行为的入侵检测系统的优点是能够检测未知的攻击和新的攻击变种，灵活性较高；其缺点是误报率较高，很多正常的系统行为可能会被误判为异常行为。

（2）基于攻击签名的入侵检测系统的原理及优缺点。基于攻击签名的入侵检测系统首先建立攻击签名库，然后通过匹配已知的攻击签名来检测入侵。攻击签名可以是攻击者的 IP 地址、攻击工具的特征码等。基于攻击签名的入侵检测系统的优点是能够准确检测已知的攻击，误报率较低；其缺点是可能无法检测未知攻击或变种攻击。

（3）混合型入侵检测系统的原理及优缺点。混合型入侵检测系统结合了基于异常行为和基于攻击签名的入侵检测系统的优点，通过使用两种检测方法来提高检测的准确性和全面性。混合型入侵检测系统的优点是可以降低误报率和漏报率，提高入侵检测的准确性；其缺点是实现起来比较复杂，需要同时维护正常行为模式库和攻击签名库。

3. 防火墙与入侵检测系统的比较与选择

（1）防火墙与入侵检测系统的优势与局限。防火墙的优势是能够过滤进入网络的数据包，对网络层和应用层的通信进行控制；可以防止未授权的访问和恶意攻击；可以对网络的安全策略进行集中管理；能够有效防止内部信息的泄露。防火墙的局限是只能过滤进入网络的数据包，无法检测网络内部的通信，无法检测一些复杂的网络攻击；无法过滤加密的通信。

入侵检测系统的优势是可以检测防火墙无法检测的攻击；可以实时监测网络中的异常行为；可以提供攻击的详细信息，帮助管理员及时响应和处理攻击。入侵检测系统的局限是可能无法检测未知的攻击；可能产生大量的误报和漏报；需要定期更新检测规则和正常行为模式库或攻击签名库。

（2）集成方案的设计与实施。防火墙和入侵检测系统可以相互补充，集成在一个统一的数字安全体系中，提高整体安全性。在设计集成方案时，需要考虑数据的控制、安全策略的协调、信息共享等问题。

- 数据的控制：通过防火墙可以控制进入网络的数据，通过入侵检测系统可以检测和分析这些数据，从而进一步增强安全性。
- 安全策略的协调：防火墙和入侵检测系统应协调一致，确保安全策略的一致性和有效性。例如，可以设置防火墙只允许经过入侵检测系统认证的数据通过。
- 信息共享：防火墙和入侵检测系统可以共享相关信息，如攻击签名和异常行为，以提高安全预警和响应速度。

在集成防火墙和入侵检测系统时，首先需要分析现有的安全需求和威胁环境，然后选择合适的防火墙和入侵检测系统并设计集成方案，最后实施并测试集成方案的有效性。

（3）防火墙和入侵检测系统的选择。在选择防火墙和入侵检测系统时，应考虑以下几个因素：

- 安全需求：根据企业或组织对信息安全的要求，确定需要实现的安全功能和目标。例如，如果对网络安全要求较高，则可以选择功能强大、性能稳定的防火墙和入侵检测系统。
- 威胁环境：分析网络面临的威胁环境和攻击类型，选择能够提供有效防御的产品。例如，如果面临的是已知攻击，则可以选择基于攻击签名的入侵检测系统；如果面临的是未知攻击或变种攻击，则可以选择基于异常行为的入侵检测系统或混合型入侵检测系统。

4.2.1.2 反病毒技术与恶意软件防御

反病毒技术通过对文件和软件进行扫描和识别，可及时发现并清除病毒。恶意软件防御可以阻止未经授权的程序，防止恶意软件的入侵和传播。

1. 反病毒技术概述

（1）反病毒技术的发展历程如下。

① 起源阶段：随着计算机技术的普及，人们开始意识到计算机病毒的存在和威胁，该阶段主要采用手动清除病毒的方法，使用的是一些简单的检测和清除工具。

② 初级阶段：该阶段出现了基于特征码扫描的反病毒技术，通过对比已知病毒的特征码来检测和清除病毒，这种方法简单有效，但需要不断更新病毒库。

③ 发展阶段：随着病毒的制作和传播变得更加复杂，基于特征码扫描的方法开始面临挑战，这时出现了启发式扫描技术，通过分析程序的行为和代码结构来检测未知病毒。

④ 集成阶段：为了更全面地应对网络威胁，反病毒技术开始与其他安全技术（如防火墙、入侵检测系统等）进行集成，形成了综合的安全防御体系。

（2）主流的反病毒技术原理如下。

① 基于特征码扫描的技术：这是最传统的反病毒技术，通过对比已知病毒的特征码来检测和清除病毒。这种方法简单有效，但需要不断更新病毒库。

② 启发式扫描技术：这种技术通过分析程序的行为和代码结构来检测未知病毒，它是基于人工智能的反病毒技术，能够提高未知病毒的检测准确性。

③ 云安全技术：随着互联网的发展，云安全技术成为新的趋势。该技术通过将安全数据存储在云端，可以实现快速的病毒检测。

（3）反病毒技术的挑战与趋势。随着网络威胁的不断演变，反病毒技术面临着新的挑战，如新型病毒不断涌现、病毒传播途径多样化、恶意软件泛滥等；同时，保护用户隐私和防止数据泄露也是反病毒技术的重要考虑因素。

未来,反病毒技术的发展将更加注重智能化、自动化和集成化。基于人工智能的反病毒技术将更加普及,同时反病毒技术将与其他安全技术更加紧密地集成,形成综合的安全防御体系。此外,随着云计算和物联网的发展,云安全技术和端点安全技术也将成为反病毒技术的重要发展方向之一。

2. 恶意软件防御

(1)恶意软件的分类与特点。根据恶意软件的目的和行为,可将其分为病毒、蠕虫、特洛伊木马、间谍软件、广告软件、勒索软件等。恶意软件通常具有隐蔽性、传播性、破坏性等特点,可能隐藏在看似无害的文件或应用程序中。一旦恶意软件被激活,就会传播并破坏系统。

(2)恶意软件的检测与清除。恶意软件的检测通常是基于特征码扫描、启发式扫描、行为监测等技术进行的,这些技术通过对比已知病毒的特征码、分析程序的行为和代码结构、或监测系统的运行状态来检测恶意软件。

清除恶意软件的方法包括使用杀毒软件、系统恢复、手动删除等。对于一些复杂的恶意软件,可能需要专业的技术支持。

(3)防范恶意软件的措施与策略如下。

① 增强系统安全性:包括更新系统和应用程序、安装防病毒软件、配置防火墙等措施,这些措施可以提高系统的安全性,降低系统被恶意软件攻击的风险。

② 提高用户信息安全意识:教育用户识别和避免恶意软件,如不打开未知来源的邮件和链接、不下载和安装未经验证的程序等。提高用户的信息安全意识是防止恶意软件的重要手段。

③ 定期备份数据:为了防止恶意软件造成的数据泄露损坏,应该定期备份重要的数据。这样可以在系统被攻击时通过恢复数据来减少损失。

④ 使用安全的网络连接:使用安全的网络连接可以避免通过网络传播的恶意软件,如使用 VPN、加密通信等。

3. 反病毒软件的选择与使用

(1)反病毒软件的选择因素如下。

① 检测与清除能力:反病毒软件应具备高效的检测和清除病毒的能力,包括对已知病毒和未知病毒的检测、快速更新病毒库,以及对感染文件进行彻底清除的能力。

② 实时防御能力:反病毒软件应具备实时防御能力,能够实时监测和拦截病毒的入侵和传播。

③ 资源占用与对系统性能影响:优秀的反病毒软件应尽量减少对系统资源的占用,避免对系统性能产生不良影响。

④ 用户界面与易用性:反病毒软件的界面应友好、直观,易于使用和管理;同时,反病毒软件还应提供详细的日志和报告功能,方便用户了解安全状况。

⑤ 兼容性与可扩展性:反病毒软件应具备良好的兼容性,能够与各类操作系统、应用程序和硬件设备协同工作;同时,反病毒软件还应具备可扩展性,允许用户根据需求进行个性化的定制和配置。

⑥ 安全性与可靠性:反病毒软件应具备高度的安全性,防止被黑客利用安全漏洞进行攻击;同时,反病毒软件还应提供可靠的保护,避免误报和误清除正常文件。

(2)反病毒软件的使用步骤如下。

① 安装与配置：根据反病毒软件的安装指南进行安装，在安装过程中，通常会要求选择防御模式、设置更新选项等。

② 安全策略制定：制定并实施安全策略（包括定义信任区域、配置扫描计划等），确保反病毒软件能够充分发挥其保护作用。

③ 实时防御设置：根据安全策略配置实时防御设置（如启动时扫描、邮件附件防御等），确保这些设置能够有效拦截和清除恶意软件。

④ 更新与升级：定期更新病毒库和软件版本，以应对不断变化的威胁环境。保持反病毒软件的最新状态是确保安全的关键。

⑤ 日志与报告：启用并定期检查反病毒软件的日志和报告功能，以便了解系统的安全状况和潜在威胁。日志和报告可用于故障排除、合规性检查等。

4.2.1.3　网络隔离与安全隧道

网络隔离是指将网络划分成多个安全区域，从而限制数据在不同区域之间的流动。不同区域之间的数据传输需要经过安全隧道进行加密，确保数据的机密性和完整性。通过网络隔离和安全隧道，企业或组织能够以最小化网络攻击的影响范围，防止攻击者在网络内部进行横向渗透。

1. 网络隔离的原理

（1）物理隔离与逻辑隔离。物理隔离是指通过网络设备或物理线路的断开来实现不同网络之间的完全隔离。这种隔离方式可以确保不同网络之间没有任何数据交换，可提供最高的安全保障。物理隔离的实现和维护通常比较复杂且成本高昂。逻辑隔离是指通过协议过滤、访问控制等手段在逻辑层面实现不同网络之间的隔离。逻辑隔离可以在保持网络连通性的同时，限制不同网络之间的数据交换和访问。相比于物理隔离，逻辑隔离的实现和维护相对简单一些，而且成本较低。

（2）网段划分与访问控制。网段划分是指将网络分成不同的子网或网段，从而实现更精细的控制和管理。通过合理划分网段，可以限制不同网段之间的通信和访问，提高网络的安全性和可管理性。访问控制可以通过配置网络设备和安全策略，对不同用户和设备在网络中的访问权限进行限制。访问控制可以基于用户身份、设备 IP 地址、应用协议等多种因素进行配置，确保只有授权用户和设备才能访问特定的网络资源。

（3）网络隔离的实施要点如下。

① 安全策略的制定：在实施网络隔离之前，需要制定明确的安全策略。安全策略应明确各网段的访问权限、数据交换规则和应急响应流程等，以确保网络隔离的有效性和安全性。

② 设备的配置与部署：根据安全策略配置网络设备和安全设备（包括配置防火墙、路由器、交换机等设备），可实现数据的过滤、访问控制等功能，从而实现网络隔离。

③ 监测与审计：建立监测和审计机制，对网络隔离的实施效果进行实时监测和记录。通过监测和审计，可以及时发现和解决潜在的风险和问题。

④ 安全培训与意识提升：加强网络安全培训和意识提升，使网络管理员和使用者了解并遵守网络隔离的安全策略和规定。通过提高员工的信息安全意识和技能，可以进一步增强网络隔离的安全性。

2. 安全隧道技术概述

安全隧道机制如图 4-3 所示，常用的安全隧道技术如下。

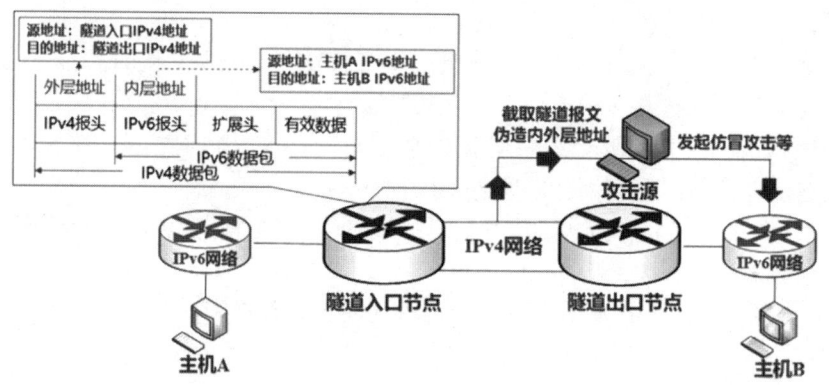

图 4-3　安全隧道机制

（1）虚拟专用网络（Virtual Private Network，VPN）。VPN 是一种可以在公共网络上建立加密通道的技术，通过这种技术可以使用户在远程访问企业或组织的内部网络资源时，实现安全的连接和数据传输。VPN 是通过在公共网络上建立一个临时、安全的连接来实现数据加密传输的。

（2）安全套接层（Secure Socket Layer，SSL）隧道。SSL 隧道是一种利用 SSL 协议实现安全通信的方式。SSL 隧道利用 SSL 协议对传输的数据进行加密，通过在客户端和服务器之间建立加密的连接，确保数据传输的安全性。

（3）IPSec 隧道。互联网协议安全（IPSec）隧道是一种用于保护 IP 层通信安全的协议。IPSec 隧道利用加密算法对 IP 层的数据包进行加密和认证，通过在发送方和接收方之间建立加密的安全通道，确保数据传输的安全性。

3. 不同安全隧道技术的比较

（1）不同安全隧道技术的优势与局限。VPN 的优势是远程访问的安全性，可提高数据传输的私密性；但 VPN 需要复杂的配置和管理，且可能受到某些网络的限制。SSL 隧道的优势是可以提供端到端的安全性，适用于传输敏感数据；但 SSL 隧道通常只提供端到端的安全，无法全面保护整个网络。IPSec 隧道的优势是可以提供强大的数据完整性和身份认证；但 IPSec 隧道的配置和管理可能较为复杂，且对网络性能可能产生一定的影响。

（2）选择不同安全隧道技术时的考虑因素如下。

① 安全性需求：需要根据数据传输的机密性、完整性和身份认证等需求，选择能够提供相应安全级别的安全隧道技术。

② 网络环境：根据网络基础设施、拓扑结构、所用协议等因素，选择适合当前网络环境的安全隧道技术。

③ 可扩展性和灵活性：评估安全隧道技术的可扩展性和灵活性，确保所选技术能够满足未来业务发展的需求。

④ 性能影响：根据安全隧道技术对网络性能的影响（包括带宽使用、延时和丢包率等），选择对性能影响较小且满足业务需求的安全隧道技术。

⑤ 管理和维护成本：评估安全隧道技术的管理成本和维护成本（包括人员培训、设备采购和后期维护等成本），选择能够在预算范围内提供高安全性的安全隧道技术。

4.2.2 身份认证与访问控制

身份认证与访问控制涉及对用户身份的确认和对资源访问的控制,有效的身份认证和访问控制可以防止未经授权的用户访问敏感信息和资源。

4.2.2.1 身份认证

1. 常用的身份认证

(1) 基于知识的身份认证。基于知识的身份认证依赖于用户所知道的信息(如密码、PIN 码、安全问题的答案等),这些信息通常是用户在注册或设置账户时设定的。基于知识的身份认证通常涉及密码学原理,如哈希函数、加密技术等。当用户尝试登录时,系统会验证其提供的信息是否与预存的信息匹配。基于知识的身份认证相对简单,容易受到攻击(如密码猜测、字典攻击等),因此通常需要结合其他认证方式来提高系统安全性。

(2) 基于物品的身份认证。基于物品的身份认证依赖于用户所拥有的物品(如智能卡、USB 令牌、手机等),这些物品通常包含用于身份认证的独特信息或功能。基于物品的身份认证通常涉及物品与服务器之间的安全通信和验证过程。当用户尝试登录时,系统会要求用户插入或连接其拥有的物品,并验证该物品的有效性。基于物品的身份认证提供了比基于知识的身份认证更高的安全性。

(3) 基于生物特征的身份认证。基于生物特征的身份认证依赖于用户的生物特征(如指纹、虹膜、面部识别等),这些生物特征是唯一的,难以复制或伪造。基于生物特征的身份认证通常涉及生物特征识别技术和图像处理技术。当用户尝试登录时,系统会采集用户的生物特征,并与预先存储的生物特征进行比较,如果二者相互匹配,则允许用户登录。基于生物特征的身份认证提供了很高的安全性,但存在一些挑战,如生物特征信息的存储和隐私问题。

通过结合以上三种身份认证方式,可以构建多因素身份认证系统,从而大大提高用户身份认证的安全性和准确性。

2. 多因素身份认证的优势与局限

多因素身份认证的优势是可以提高安全性与可靠性、降低误认证的风险、为用户提供更多的灵活性。多因素身份认证结合了多种认证因素,如知识、物品和生物特征,使得身份认证更加可靠,能够降低单一因素被破解的风险,提高整个系统的安全性。多因素认证结合了多种认证方式,降低了单因素认证的风险,即使某个特定因素出现错误,其他因素仍然可以提供额外的认证,可降低误认证的风险。多因素认证为用户认证提供了更多的灵活性,用户可以选择最适合自己的认证方式,有助于提高用户的便利性和满意度。

虽然多因素认证有上述的优势,但增加了实施的复杂性、用户登录的复杂性和时间,在用户忘记密码、丢失物理设备或生物特征信息时,可能会影响用户的便利性。另外,对于某些用户群体(如老年人和残障人士),使用多因素认证可能存在一定的困难。

3. 多因素身份认证的应用场景

(1) 在企业或组织中的应用。多因素身份认证被广泛用于保护企业或组织的网络、数据库和重要信息系统,可确保只有授权人员才能访问敏感数据和关键资源。

(2) 在政府部门中的应用。在政府部门中,多因素身份认证可用于确保敏感数据和系统的安全。由于政府部门通常会处理大量的个人信息和机密数据,采用多因素认证可以大大降低数据泄露和未经授权访问的风险。

(3)在金融机构中的应用。在金融机构中,多因素身份认证被视为保护客户资金和数据安全的关键手段。银行、证券公司和保险公司广泛使用多因素认证来处理客户交易、管理账户信息和防止欺诈行为。

多因素身份认证在不同行业中发挥着重要作用,可为企业或组织、政府部门和金融机构提供更高的安全性和可靠性,确保只有经过授权的人员才能访问敏感数据和关键资源。

4. 多因素身份认证的未来发展趋势

(1)新技术的集成。随着技术的快速发展,多因素身份认证将集成人工智能、区块链和云计算等新技术,在安全领域发挥越来越重要的作用。未来的安全架构将更加注重新技术的集成和应用,利用人工智能进行威胁检测、利用区块链确保数据完整性和透明性、利用云计算实现安全即服务等。例如,一些企业或组织已经开始探索利用人工智能进行实时威胁检测和响应,以及利用区块链构建去中心化的安全认证和数据共享网络。

(2)标准与合规性发展。随着信息安全重要性的提升,各种国际标准组织和国家级标准化组织将更加活跃地制定和推广信息安全的标准和最佳实践,企业或组织将面临更加严格的合规性要求,这些要求涉及数据保护、隐私法规和安全审计等方面。企业或组织需要关注相关法规和标准的更新,并确保其安全架构符合相关要求。例如,GDPR为企业或组织提供了处理个人数据的框架和要求,企业或组织需要了解并遵守这些规定,以保护用户隐私和数据安全。

5. 多因素身份认证面临的挑战与解决方案

随着技术的进步,新的威胁和挑战将不断出现,企业或组织需要保持警惕,及时识别和应对新的威胁。为了应对这些挑战,企业或组织需要不断发展和完善其安全解决方案和技术,包括开发更高效的安全算法、实施更强大的防御体系等。近年来,随着远程工作的普及,网络安全挑战也日益突出,企业或组织需要采取适当的措施,如虚拟专用网络(VPN)、远程访问安全解决方案等,以确保远程访问的安全性。

传统的用户名和密码认证容易受到猜测和暴力破解的威胁,已变得不再安全。多因素身份认证引入了多个身份认证因素,如密码、生物识别、硬件令牌等,以增加身份认证的准确性,只有当多个因素都通过认证,用户才能成功登录。基于多因素身份认证的登录系统如图4-4所示。

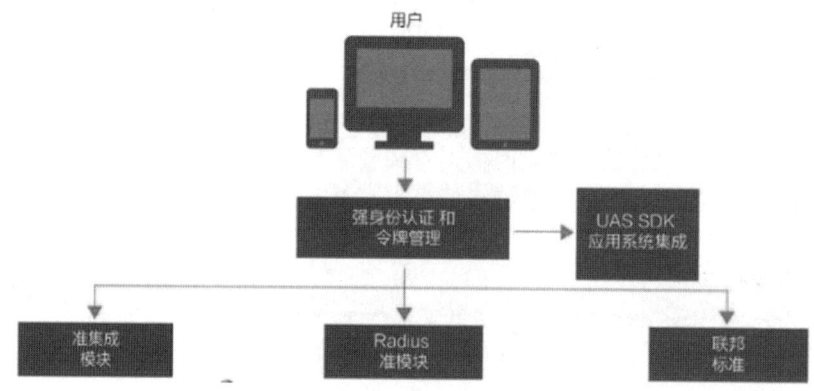

图4-4 基于多因素身份认证的登录系统

4.2.2.2 访问控制

1. 访问控制概述

访问控制是信息安全的核心组成部分,用于确定和实施对资源的安全访问规则,主要目标是防止未授权的访问和潜在的威胁。访问控制是保护信息系统免受恶意攻击、防止数据泄露和维持系统正常运行的关键手段。访问控制涉及主体、客体和访问控制策略三个基本组件。主体是指尝试访问资源的实体(如用户或进程),客体是指被访问的资源(如文件、数据库或网络服务),访问控制策略定义了主体对客体的访问规则。

(1) 访问控制的策略模型。

① 基于角色的访问控制(RBAC)模型:在该模型中,用户被赋予了特定的角色,每个角色都具有对特定资源的访问权限。RBAC 模型具有较高的灵活性,允许管理员根据企业或组织的结构和职责定义不同用户的访问权限。

② 基于属性的访问控制(ABAC)模型:在该模型中,访问控制策略是基于用户的属性(如用户身份、位置、设备类型等),以及被访问资源的属性(如文件类型、数据敏感度等)等制定的。ABAC 模型具有更细的访问控制粒度,允许基于多个条件制定访问控制策略。

③ 基于上下文感知访问控制(CAAC)模型:该模型考虑了环境因素和上下文信息,如时间、地理位置和用户行为等,可动态调整访问控制策略。CAAC 模型适用于需要动态调整访问控制权限的情境,如移动计算和物联网。

(2) 访问控制的实现方式。

① 基于规则的实现方式:在该方式中,访问控制策略是基于预定义的规则集制定的,规则集可以由管理员手动配置或由安全管理系统自动生成。这种实现方式简单直接,但不够灵活。

② 基于身份的实现方式:在该方式中,访问控制策略是基于用户身份信息(如用户 ID、角色或组归属关系等)制定的,身份认证方法(如多因素认证或单点登录)有助于增强访问控制策略的可靠性。

③ 基于属性的实现方式:在该方式中,访问控制策略的制定不仅取决于用户身份,还取决于用户的属性(如设备类型、地理位置或行为模式等)。该方式可提供更细的控制粒度,但实现起来较为复杂。

2. 访问控制策略的制定、部署及实施效果评估

(1) 访问控制策略的制定。在制定访问控制策略时应遵循最小权限原则、完整性原则和可用性原则。最小权限原则要求限制用户对资源的访问权限,仅授予完成工作所需的最小权限。完整性原则要求保护数据的完整性和一致性,防止数据被非法修改或破坏。可用性原则要求确保授权用户能够随时访问所需资源。

制定访问控制策略通常包括以下步骤。

① 需求分析:明确信息安全的需求,识别关键资源,并确定需保护的信息和数据。

② 主体和客体的分类:根据资源的重要性和敏感度对主体和客体进行分类,为不同类别的实体分配不同的访问权限。

③ 制定规则:基于信息安全的需求和主客体的分类结果,制定明确的访问控制规则,包括允许或拒绝特定主体对特定客体的访问。

④ 访问控制策略的审查与批准:对制定的访问控制策略进行审查,确保其符合相关标

准和法规的要求,并获得相关管理人员的批准。

(2) 访问控制策略的部署。

① 技术部署:利用防火墙、入侵检测系统、身份认证系统等安全技术工具实施访问控制策略。这些工具可以拦截非法访问、检测和应对潜在威胁,并验证用户的身份和权限。

② 行政部署:通过制定和实施安全管理制度、员工培训和教育等行政手段来辅助访问控制策略的部署。确保员工了解和遵循企业或组织的安全政策和规定,提高其信息安全意识。

③ 持续监测与调整:部署访问控制策略后,应持续监测系统的访问活动、分析日志数据,以发现潜在的安全问题或异常行为。根据监测结果,及时调整访问控制策略,确保其持续有效。

(3) 访问控制策略实施效果的评估。评估访问控制策略实施效果的方法有很多,如安全审计、安全漏洞扫描、风险评估等。通过分析系统的安全性、合规性和性能等,可了解访问控制策略的实施效果。在评估访问控制策略的实施效果时,需要关注的关键指标有访问控制策略的合规率、安全事件的发生频率、数据泄露的次数等,这些指标可以反映访问控制策略的有效性,以及企业或组织的整体安全状况。在完成访问控制策略实施效果的评估后,需要根据评估结果,及时调整和完善访问控制策略,针对发现的问题和不足之处,采取相应的改进措施,提高系统的安全防御能力。

3. 访问控制策略的优化与调整

企业或组织应不断关注新的威胁和挑战,持续优化和更新访问控制策略,以应对不断变化的安全环境。

(1) 访问控制策略的优化目标与方法。访问控制策略的优化旨在提高系统的安全性、效率和用户体验,具体的目标包括减少不必要的访问权限、降低风险、提高资源利用效率等。

常用的访问控制策略优化方法包括基于风险评估的优化、基于性能分析的优化和基于用户行为的优化。基于风险评估的优化是指通过对系统面临的威胁进行评估,调整访问控制策略以降低风险。基于性能分析的优化是指通过分析系统的性能数据,找出性能瓶颈,并调整访问控制策略以提高性能。基于用户行为的优化是指通过分析用户的实际操作和访问模式,调整访问控制策略以更好地满足用户需求。

(2) 访问控制策略的调整步骤。访问控制策略的调整包括定期调整和应急调整。定期调整是指根据系统运行状况和安全要求,定期审查和调整访问控制策略。应急调整是指在发生安全事件或发现严重安全漏洞时,迅速对访问控制策略进行调整以应对紧急情况。

访问控制策略的调整步骤包括需求分析、风险评估、访问控制策略的制定和实施、实施效果评估等。需求分析需要明确调整的原因和目标。风险评估需要对调整访问控制策略可能带来的风险进行评估。访问控制策略的制定和实施需要根据前两个阶段的结论,制定具体的调整方案并加以实施。实施效果评估需要对调整后的访问控制策略的实施效果进行评估,以确定是否达到预期目标。

(3) 访问控制策略优化与调整的实践案例。

案例一:某银行的系统访问控制策略的优化。

某银行为了提高系统安全性,对其访问控制策略进行了优化。通过风险评估,该银行发现其 Web 应用存在多个高风险安全漏洞。针对这些高风险的安全漏洞,该银行加强了账户验证机制,限制了远程登录权限,并对员工进行了安全培训。经过这些优化措施,该银行的系统安全性得到了显著提高。

案例二：某市政府信息系统的访问控制策略调整。

某市政府的信息系统在运行过程中，存在部分人员违规访问敏感数据的情况。为了解决这一问题，该市政府对信息系统的访问控制策略进行了调整，增加了多因素认证机制，强化了数据隔离措施，并定期进行审计和监测。这些调整有效防止了敏感数据的泄露，提高了信息系统的安全性。

4. 访问控制策略的未来发展

（1）新技术与访问控制策略的融合。

① 云计算的应用：随着云计算的普及，访问控制策略需要适应云环境的特点，如动态资源分配、多租户共享等，通过引入云计算技术，访问控制策略将更加灵活，能够应对虚拟化环境中的安全挑战。

② 人工智能的应用：人工智能（如机器学习和深度学习）可用于分析用户行为，预测潜在的威胁，并自动调整访问控制策略。这有助于提高访问控制策略的实时性和自适应性。

③ 区块链的应用：区块链具有中心化、透明和不可篡改等特性，通过智能合约和共识机制，可以实现更加安全和可靠的访问控制策略。

（2）访问控制策略面临的挑战与解决方案。随着社会对个人隐私关注的增加，如何在保证数据完整性和可用性的同时保护用户隐私成为重要挑战。访问控制策略需要更加注重匿名化和加密技术，以平衡数据安全和隐私权益。网络威胁不断演变，呈现出动态性和不确定性。访问控制策略需要具备自适应和自学习能力，以应对不断变化的威胁环境。

采用混合访问控制策略、持续监测和安全审计、加强用户教育和培训等措施，有助于应对这些挑战，提高整体安全防御能力。

（3）访问控制策略的未来发展趋势。

① 无边界安全。随着企业或组织架构和业务模式的变革，安全边界逐渐模糊。访问控制策略将趋向于无边界安全模型，强调内部和外部用户的统一管理，降低风险。

② 个性化与自适应。未来的访问控制策略将更加注重个性化，根据用户角色、地理位置、行为模式等因素动态调整权限。同时，访问控制策略将具备自适应性，能够快速适应业务变化和威胁演变。

③ 深度集成与其他安全机制。访问控制策略将与身份认证、数据加密、入侵检测等其他安全机制深度集成，形成综合的安全防御体系。这有助于提高整体安全效果，降低风险。

访问控制策略是控制用户访问权限的关键手段，它可以根据用户身份、角色和时间等因素来限制用户对资源的访问权限。例如，高级管理员可以访问所有系统资源，而普通员工只能访问特定的资源。

4.2.2.3 单点登录与联合身份管理

1. 单点登录的原理与技术

（1）单点登录的概念与优势。单点登录（Single Sign-On，SSO）是一种身份认证机制，允许用户在多个应用程序或系统上登录一次就能访问所有的相关资源。用户只需在首次访问时进行身份认证，后续访问其他受信任的应用或服务时无须再次登录。单点登录提高了用户体验，降低了管理和维护多个账户的成本。通过集中管理用户身份信息和访问权限，单点登录可提高企业或组织的安全性和效率。

（2）单点登录的实现原理。单点登录通常是基于 SAML（Security Assertion Markup

Language)、OAuth、OpenID Connect 等协议实现的,这些协议定义了如何在不同应用程序和系统之间传递和认证用户身份信息。单点登录的基本流程包括:用户首次访问应用程序或系统时进行身份认证,验证成功后,服务器会生成一个令牌(Token)并将该令牌发送给用户;用户携带此令牌可访问其他受信任的应用程序,无须再次输入身份信息。

单点登录依赖于一个集中的认证中心来管理用户身份信息和访问权限。认证中心负责存储和处理用户的身份认证信息,并向受信任的应用程序提供验证服务。

(3)单点登录的集成方案与技术要求。单点登录的集成方案通常需要对现有的应用程序与认证中心进行整合,这可能涉及 API 集成、系统间的数据交换、身份认证流程的调整等技术。

实现单点登录需要考虑的技术要求包括安全性(确保用户数据的安全和隐私)、互操作性(与其他系统和应用程序的无缝集成)、可扩展性(支持不断增长的用户量和应用程序规模)以及易用性(提供良好的用户体验)。

根据企业或组织的需求和架构,单点登录可以采取多种部署模式,如单一认证中心、分布式认证中心或由云服务提供商提供的 SSO 解决方案等。选择合适的部署模式需综合考虑安全性、成本、维护便利性等因素。

2. 联合身份管理的原理与技术

(1)联合身份管理的概念与目标。联合身份管理(Federated Identity Management,FIM)是一种允许用户使用单点登录访问多个应用程序或系统的身份认证机制,它通过将用户身份信息的管理分散到各个企业或组织、服务提供商,可实现跨域的身份认证和授权。

联合身份管理的目标是简化用户在不同应用程序或系统间的登录过程,提高用户体验,降低管理成本,增强企业或组织的安全性。通过集中管理和控制用户身份信息,可减少数据冗余和重复验证,降低风险。

(2)联合身份管理的架构与组件。联合身份管理通常采用联邦架构,包括参与方、联邦控制器和连接器。参与方是提供或请求服务的企业或组织,联邦控制器负责管理跨域的身份认证和授权,连接器则实现了参与方之间的通信和数据交换。

联合身份管理的组件主要包括认证服务器、协议转换器、目录服务器、策略引擎等。认证服务器负责处理用户的登录请求并验证用户凭证。协议转换器用于在不同协议间转换身份认证信息。目录服务器用于存储和管理用户身份信息。策略引擎可根据用户角色和权限制定不同的访问控制策略。

(3)联合身份管理的实施与要点。联合身份管理的实施通常包括需求分析、架构设计、组件集成、测试与部署、监测与维护等步骤。需求分析需明确管理范围、参与方和安全要求;架构设计需要规划组件的部署方式和通信协议;组件集成涉及各组件的配置和集成;测试与部署需要对系统进行测试并部署联合身份管理措施;监测与维护需持续监测系统的运行状态并对联合身份管理措施进行必要的调整和维护。

联合身份管理的实施要点包括选择合适的协议和技术标准、确保数据的安全性和隐私不被泄露、加强跨域的互操作性和集成能力、制定灵活的策略以支持不同企业或组织的需求、提供良好的用户体验,以及建立有效的监测和维护机制。同时,还需要考虑可扩展性和可维护性,以适应不断增长的用户量和应用程序规模。

3. 单点登录与联合身份管理的比较与选择

(1)单点登录与联合身份管理的优势与局限。单点登录的优势是可简化用户登录流程,提高用户体验；降低因重复身份认证而产生的风险；可集中管理用户身份信息，降低管理成本。单点登录的局限是需要对现有系统进行较大的改动，集成难度较大；可能不适用于所有场景，如需要高度定制化身份认证需求的场景。

联合身份管理的优势是支持跨域的身份认证，方便用户在不同企业或组织间无缝切换；减少冗余数据和重复身份认证过程；提高企业或组织间的互操作性和集成能力。联合身份管理的局限是架构复杂，实施难度较大；需要各参与方遵循统一的协议和标准，可能存在兼容性问题；对数据安全和隐私保护要求较高。

（2）单点登录与联合身份管理的集成方案设计与实施。单点登录的集成方案需要确定参与集成的系统和组件、设计统一的身份认证流程和数据交换格式、选择合适的认证协议和技术标准。单点登录的集成方案的实施步骤为：对现有应用系统进行评估和改造，以支持统一的身份认证流程；配置认证服务器和相关组件，实现数据交换和身份认证信息的共享；进行集成测试，确保各组件之间的兼容性和稳定性。

联合身份管理的集成方案需要确定参与的企业或组织和服务提供商，明确各自的角色和责任；设计统一的协议和标准，确保各参与方之间的互操作性；规划跨域的身份认证和授权流程，确保数据的安全性和隐私保护。联合身份管理的集成方案的实施步骤为：建立联邦控制器和连接器，实现各参与方之间的通信和数据交换；配置认证服务器、协议转换器、目录服务器和策略引擎等组件，对跨域的身份认证和授权进行集成测试，确保各组件之间的兼容性和稳定性。

（3）单点登录与联合身份管理的选择标准。

① 适用场景。根据企业或组织的实际情况和安全需求选择适合的身份认证机制。单点登录适用于内部应用系统较多的场景，联合身份管理适用于需要跨企业或组织身份认证的场景。

② 技术要求。考虑企业或组织的技术储备和开发能力，以及对新技术的接受程度。单点登录相对成熟，实施难度较小；联合身份管理的技术较复杂，需要较高的技术能力。

③ 安全性与隐私保护。比较单点登录与联合身份管理在安全性、数据保护和隐私方面的差异，选择更能满足安全需求的方案。

4.2.3 数据加密与数据保护

数据加密（其示意图见图 4-5）和数据保护是信息安全的重要组成部分，它涉及对数据的保密性和完整性的保护。通过安全加密和数据保护技术，可以防止数据泄露和被篡改。

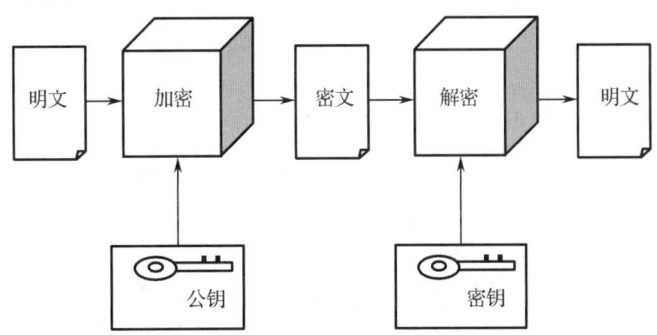

图 4-5 数据加密的示意图

4.2.3.1 数据加密技术

1. 数据加密的基本原理与技术

（1）对称加密算法。对称加密算法是指加密和解密使用相同密钥的加密算法。发送方使用密钥对数据进行加密，接收方使用同一密钥对数据进行解密，还原出原始数据。常用的对称加密算法有 AES（高级加密标准）算法、DES（数据加密标准）算法、3DES（三重数据加密）算法等。对称加密算法的优点是加密和解密速度快、安全性较高。对称加密算法面临的挑战是如何安全传输和存储密钥，一旦密钥泄露，数据的安全性将受到威胁。

（2）非对称加密算法。非对称加密算法也称为公钥加密算法，它使用两个密钥（公钥和密钥），公钥用于加密数据，密钥用于解密数据，公钥可以公开，而密钥需要保密。常用的非对称加密算法是 RSA（Rivest-Shamir-Adleman）算法。非对称加密算法的优势是能够对数据的保密性和完整性进行验证，可提供数字签名的功能。非对称加密算法的局限是计算量较大，加密和解密速度相对较慢，通常用于加密少量数据或加密对称加密算法的密钥。

（3）混合加密算法。混合加密算法结合了对称加密算法和非对称加密算法的优点，具有较高的加密效率和安全性。混合加密算法的发送方首先使用非对称加密算法加密对称加密算法的密钥，然后使用这个对称加密算法的密钥对数据进行加密；接收方首先使用密钥解密对称加密算法的密钥，然后使用解密后的密钥对数据进行解密操作。混合加密算法能够利用对称加密算法的高效性和非对称加密算法的安全性，提供了更好的性能和安全性。混合加密算法的实现相对复杂，需要管理多个密钥，并且在传输和存储过程中需要特别注意密钥的安全性。

2. 数据加密在信息安全中的应用

（1）传输数据的加密。数据在传输过程中，为了防止被截获或窃听，需要对数据进行加密处理。使用对称加密算法或非对称加密算法对传输的数据进行加密，确保数据在传输过程中的保密性。通过 SSL（安全套接层）协议、TLS（传输层安全）协议等，可实现传输数据的加密。

（2）存储数据的加密。为了防止存储在数据库、硬盘或其他存储介质中的数据被非法访问或窃取，需要对存储数据进行加密处理。采用对称加密算法或非对称加密算法，可对存储数据进行加密，并确保密钥的安全存储和管理。通过数据库加密、文件系统加密等技术可实现存储数据的加密。

（3）云端数据的加密。随着云计算的普及，越来越多的数据被存储在云端。为了确保云端数据的安全，需要对云端数据进行加密处理。采用混合加密算法可对云端数据进行加密，同时确保密钥的安全传输和存储。通过云计算服务商提供的加密服务、自建加密系统等技术，可实现云端数据的加密。

3. 数据加密技术的挑战与未来发展

（1）加密算法的安全性。随着密码学和计算能力的不断发展，传统的加密算法可能面临被破解的风险。如何保证加密算法的安全性是一个重要的挑战。研究更加安全的加密算法，如后量子加密算法，以抵抗量子计算等技术带来的威胁。

（2）加密性能的优化。加密算法的计算复杂度较高，可能会影响加密和解密速度，从而影响系统的性能。如何在保证安全性的同时优化加密性能是一个挑战。研究更加高效的加密算法及其实现技术，如硬件加速、并行计算等，可提高加密和解密的速度。

（3）新技术的应用与融合。随着技术的发展，新的数据形态、存储方式和传输协议等不断涌现,如何融合这些新技术与传统的数据加密技术是一个挑战。研究新技术在数据加密领域的应用,如区块链、人工智能等,可创新数据加密的方法和实现技术。同时,探索多层次、多维度的数据加密策略和方法,可满足不同场景的数据安全保护需求。

4.2.3.2 数据备份与恢复

1. 数据备份的策略与技术

(1)完整备份与差异备份。完整备份是指不论数据是否有变化,都备份整个数据集。这种备份方法简单且易于恢复,但需要大量的存储空间和较长的备份时间。差异备份是指仅备份自上次完整备份或差异备份以来发生变化的数据。这种方法减少了待备份的数据量,但恢复时可能需要先进行完整备份,然后恢复差异备份的数据。

(2)增量备份与合成备份。增量备份是指仅备份自上次备份(无论完整备份、差异备份,还是增量备份)以来发生变化的数据。这种方法减少了备份时间,但恢复时可能需要多个增量备份的数据。合成备份是指通过合并多个增量备份的数据来创建一个完整的备份映像。这种方法减少了对存储空间的需求,但在恢复时需要从完整备份的数据开始,然后应用所有相关的增量备份数据。

(3)冷备份与热备份。冷备份是指在数据不在线或流量较低的时段进行数据备份,这种方法简单且成本较低,但可能在数据丢失后需要较长时间才能恢复。热备份是指在数据在线且流量正常的情况下进行数据备份,这种方法可以减少数据丢失的风险,但需要更高的成本和更复杂的实现方法。

2. 数据恢复的方法与实践

(1)数据恢复的流程与步骤。

① 数据备份情况评估:了解备份策略、备份频率、备份介质,以及备份数据的完整性和可用性。

② 数据丢失原因分析:分析数据丢失的原因,如硬件故障、软件故障、人为错误或自然灾害等。

③ 恢复策略的制定:根据数据丢失的原因和备份情况,制定合适的恢复策略。

④ 恢复实施:根据恢复策略,选择适当的备份进行数据恢复。

⑤ 验证与测试:在恢复的数据上进行验证和测试,确保数据的完整性和准确性。

⑥ 反馈与改进:根据数据恢复的经验和教训,对备份策略和恢复流程进行改进。

(2)数据恢复的成功率与挑战。数据恢复的成功率取决于备份的完整性和可用性、数据丢失的原因,以及恢复策略的有效性。数据恢复面临的挑战包括备份过期、备份介质损坏、备份软件故障、高昂的恢复成本等,相应的应对策略包括定期测试备份的可恢复性、确保备份介质的可靠性和持久性、选择可靠的备份软件和解决方案、确定合理的成本。

3. 数据备份与数据恢复面临的挑战及其对策

(1)数据备份的存储成本与存储效率面临的挑战。随着数据的增长,数据备份所需的存储空间也在不断增加,导致存储成本上升。同时,高效的数据备份技术也要求更高的存储性能和带宽。相应的对策包括:采用有效的数据压缩和去重技术,减少备份数据的大小;选择高性价比的存储介质和解决方案,如云存储和对象存储;根据数据的重要性和变化频率制定合理的备份策略,平衡存储成本和效率。

(2)数据恢复的速度与数据一致性面临的挑战。在保持快速恢复数据的同时,还要确保所恢复数据的一致性。在多副本或多节点的环境中，确保所有数据副本的一致性需要额外的时间和资源。相应的对策包括：采用分布式数据恢复技术，将数据恢复任务分配给多个节点或副本，提高恢复速度；利用缓存或预热技术，提前将数据加载到缓存中，以加速数据恢复过程；在关键业务场景下，可以牺牲一定的数据恢复速度来换取数据的一致性。

（3）数据备份与数据恢复过程中的风险。数据备份和数据恢复过程中可能存在风险，如数据泄露、恶意篡改、勒索软件攻击等。相应的对策包括：采用加密技术对备份数据进行加密存储，确保数据被窃取后也无法被轻易解密；验证备份数据的完整性和真实性，防止数据被篡改；定期更新备份软件和相关系统，防止已知安全漏洞被利用；加强网络安全防御措施，如防火墙、入侵检测系统和网络隔离，降低数据备份与数据恢复过程中的风险。

4. 数据备份与数据恢复的未来发展

（1）新技术和数据备份与数据恢复的融合。随着云计算、大数据、人工智能和区块链等新技术的快速发展，这些技术将逐渐应用到数据备份与数据恢复领域。

云计算可为数据备份提供灵活的存储资源和计算资源，大数据技术可提高数据备份和数据恢复的效率，人工智能可用于优化数据备份策略和数据恢复过程，区块链可提供数据完整性和可信度验证。通过新技术的融合，数据备份与数据恢复将更加自动化、智能化和高效化，降低数据丢失的风险并提高数据恢复的成功率。

（2）数据备份与数据恢复的发展趋势与展望。随着数据的快速增长和业务连续性的要求不断提高，数据备份与数据恢复将朝向更快速、更可靠和更智能的方向发展。未来，数据备份技术将更加成熟，并能够支持多种数据类型和复杂的数据环境。数据恢复技术将更加智能化，能够快速准确地定位和恢复丢失的数据。随着企业或组织对数据安全和业务连续性重视程度的不断提高，数据备份与数据恢复将成为数字安全体系的重要组成部分，并得到广泛应用。

（3）数据备份与数据恢复面临的挑战及其解决方案。尽管数据备份与数据恢复技术得到了快速发展，但也面临着新的挑战，如数据安全风险、技术复杂度增加、成本压力等。

针对这些挑战，企业或组织需要不断探索新的解决方案和技术路径，例如，通过强化加密技术和访问控制技术来提高数据备份的安全性；通过标准化和开源化来降低技术的复杂度和成本；通过政策引导和市场机制来促进数据备份与数据恢复技术的发展和应用。

数据备份是保护数据完整性的关键手段，它可以防止因意外事件导致的数据丢失。数据恢复技术可以在数据丢失后迅速恢复数据，确保业务的持续性。

数据备份和数据恢复的内容及流程如图4-6所示。

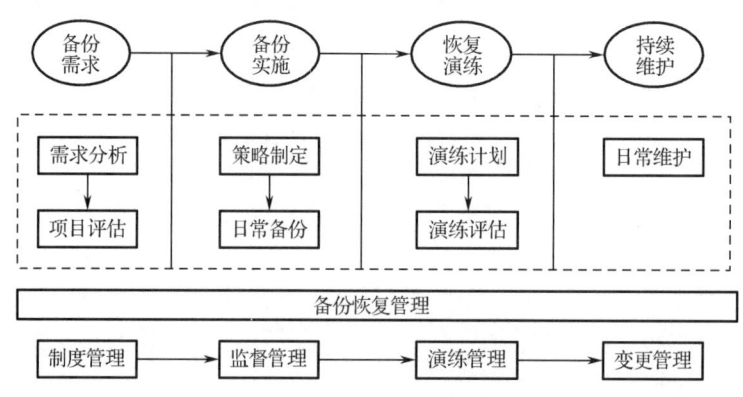

图4-6 数据备份和数据恢复的内容及流程

4.2.3.3 数据遗失防御与访问控制

1. 数据遗失风险与威胁

（1）数据遗失的定义与类型。数据遗失是指数据因各种原因无法访问或永久丢失的情况。数据遗失可以分为意外遗失和恶意遗失。意外遗失是由硬件故障、软件错误、自然灾害等导致的。恶意遗失是由黑客攻击、内部人员故意删除或破坏数据导致的。

（2）数据遗失的常见原因与后果。数据遗失的常见原因包括硬件故障、软件错误、人为错误、自然灾害、恶意攻击等。数据遗失可能会导致业务中断、财产损失、声誉损害和法律责任等。对于某些行业，如医疗、金融等，数据遗失可能会带来严重的法律后果和社会影响。

（3）数据遗失防御的重要性与必要性。数据已经成为企业或组织的重要资产，数据遗失防御成为信息安全领域的重要议题。有效的数据遗失防御能够降低数据遗失的风险，减少潜在的损失和影响。企业或组织应采取多种措施来预防和应对数据遗失，包括数据备份策略、数据恢复计划、数据容灾技术等。同时，加强员工培训和管理，提高对数据安全的重视程度也是必要的。建立完善的数据安全管理体系，可以有效降低数据遗失的风险，保障企业或组织的业务连续性和信息安全。

2. 数据遗失防御技术与实践

（1）数据备份技术与数据恢复技术。通过数据备份技术可定期将数据复制到存储介质上，以防止数据丢失。数据备份包括完整备份、差异备份、增量备份和合成备份等。在数据丢失后，通过数据恢复技术可将备份的数据恢复到某个特定状态的过程。恢复时间点目标（RTO）和数据恢复点目标（RPO）是衡量数据恢复能力的关键指标。制定合理的数据备份策略，选择可靠的备份介质和存储设备，可确保备份数据的可用性和可恢复性。定期进行备份演练和测试，可确保所备份数据的完整性和有效性。

（2）数据加密技术与安全存储技术。通过数据加密技术可将数据转换为密文，以保护数据的机密性和完整性。通过安全存储技术，可确保数据的机密性和完整性。对敏感数据进行加密存储，可确保数据在被窃取后也无法被轻易解密。使用安全存储设备和解决方案，可确保数据的机密性和完整性。加强访问控制和身份认证，可防止未经授权的访问和篡改。

（3）数据隔离技术与访问控制策略。通过数据隔离技术，可将不同数据或用户隔离在不同的环境或系统中，以降低数据丢失或泄露的风险。数据隔离包括网络隔离、虚拟化隔离等。通过制定严格的访问控制策略，可限制用户对数据的访问和操作。适当的数据隔离措施，可确保不同数据或用户之间的安全隔离。严格的访问控制策略，可限制用户对数据的访问和操作。加强用户身份认证和授权管理，可确保只有授权人员才能访问相关数据。定期审查和更新访问控制策略，可确保访问控制策略符合业务需求和安全标准。

3. 访问控制策略与数据遗失防御

（1）访问控制策略在数据遗失防御中的作用。访问控制策略是数据遗失防御中的重要组成部分，通过限制用户对数据的访问和操作，可降低数据被未授权的用户获取或修改的风险。有效的访问控制策略能够减少数据遗失的可能性，并降低数据泄露和破坏所带来的损失；有助于保护敏感数据的机密性和完整性，并维持业务运营的可靠性。

（2）访问控制策略的设计与实施要点。访问控制策略的设计原则包括最小权限原则、完整性原则和审计原则等，确保每个用户仅具有完成其工作所需的最小权限，同时保持数据的完整性和可审计性。

访问控制策略的实施要点包括：分析业务需求和风险，确定需要保护的数据和资源；设计合理的角色和权限体系，确保不同用户具有适当的访问级别；制定详细的访问控制策略，包括身份认证、授权管理和审计跟踪等；选择合适的访问控制模型，如 RBAC 模型、ABAC 模型等；实施访问控制策略，确保访问控制策略得到有效执行；定期审查和更新访问控制策略，以应对业务变化和威胁；加强用户身份认证，采用多因素认证或强密码提高安全性；对访问控制活动进行监测和日志记录，及时发现异常行为和安全事件。

4．数据遗失防御的未来发展

（1）新技术与数据遗失防御的融合创新。随着云计算、大数据、人工智能和区块链等新技术的快速发展，这些技术将逐渐融合到数据遗失防御领域，为数据安全提供更加强大的保障。未来的数据遗失防御将更加注重技术融合创新，以应对不断变化的威胁和业务需求。

（2）数据遗失防御面临的挑战及其解决方案。随着数据的增长和业务复杂性的增加，数据遗失防御面临新的挑战，例如，如何确保备份数据的可用性和可恢复性、如何有效保护敏感数据的机密性和完整性等。

针对这些挑战，企业或组织需要不断探索新的解决方案和技术路径。例如，通过强化加密技术和访问控制技术来提高数据备份的安全性；通过标准化和开源化来降低技术的复杂度和成本；通过政策引导和市场机制来促进数据遗失防御技术的发展和应用。

（3）数据遗失防御的发展趋势。随着数据安全需求的不断增长和技术的持续发展，数据遗失防御将朝向更加智能化、自动化的方向发展，以满足不断增长的安全需求。数据遗失防御将更加广泛地应用于各种行业和场景，从企业或组织的数据中心到云端、移动设备和物联网设备等。随着数据价值的提升，数据遗失防御将成为企业或组织数字安全体系的重要组成部分。

数据遗失防御可以防止移动设备上的数据丢失。通过对移动设备进行加密和远程锁定，可确保移动设备上的数据安全性。同时，对数据访问进行控制可以限制数据的使用范围，防止数据泄露。

4.2.4　安全事件响应与处置

安全事件是不可避免的，因此有效的安全事件响应机制和安全事件处置机制显得尤为重要。安全事件响应需要及时发现安全事件并做出相应的应对措施，安全事件处置需要迅速采取措施来清除威胁并修复系统。安全事件响应与安全事件处置的流程如图 4-7 所示。

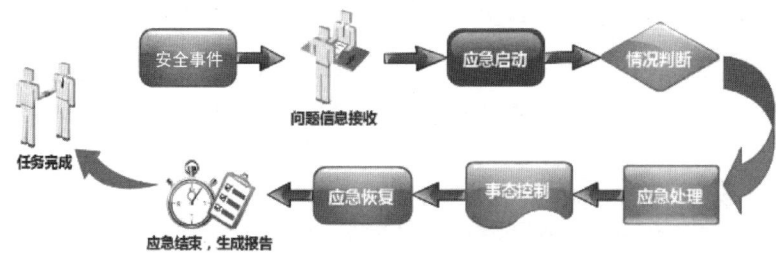

图 4-7　安全事件响应与处置流程图

4.2.4.1 安全事件检测

安全事件检测是及时发现安全事件的重要手段,可以通过实时监测网络流量、日志记录等方式来检测潜在的威胁。安全事件检测需要建立有效的监测系统,及时发现异常行为。安全事件检测示例如图 4-8 所示。

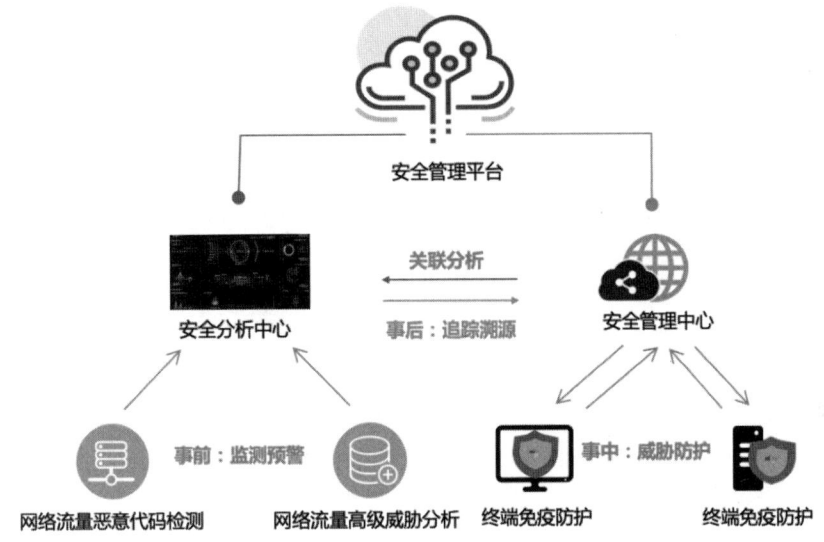

图 4-8 安全事件检测示例

1. 安全事件检测的原理与技术

(1)安全事件的定义与分类。安全事件是指网络或系统中发生的可能对信息安全造成威胁或破坏的活动或行为。根据安全事件的性质和影响,可将其分为不同的类型,如入侵事件、病毒事件、拒绝服务事件等。

(2)安全事件检测的流程与框架。安全事件检测通常包括数据收集、数据筛选、安全事件分析和响应处置等步骤。为了实现有效的安全事件检测,需要建立一个全面的安全事件检测框架,该框架应包括数据采集、数据预处理、安全事件检测、报警生成和响应处置等组件。

(3)安全事件检测的关键技术与方法。安全事件检测的关键技术包括日志分析、流量分析、异常检测、模式匹配等。日志分析技术可用于识别异常行为和潜在威胁;流量分析技术可用于检测网络中的异常流量模式;异常检测技术通过建立正常行为模型来发现异常行为;模式匹配技术可用于识别已知的攻击模式。

常用的安全事件检测方法包括基于特征的安全事件检测和基于异常的安全事件检测。基于特征的安全事件检测依赖于已知攻击模式,基于异常的安全事件检测可通过建立正常行为模型来检测异常行为。

为了提高安全事件检测的准确性和效率,可以采用多种技术和方法的组合。例如,结合日志分析技术和流量分析技术来全面了解系统安全状况,利用异常检测技术可自动发现未知威胁,结合模式匹配技术和行为分析技术来提高安全事件的监测精度。同时,加强安全事件数据的收集和分析,可提高系统对威胁的认知能力和预警能力。

2. 安全事件的检测方法与性能评估

（1）常用的安全事件检测方法与工具。常用的安全事件检测方法包括基于规则的安全事件检测、基于统计的安全事件检测和基于人工智能的安全事件检测等。基于规则的安全事件检测依赖于已知的安全事件模式，基于统计的安全事件检测通过分析正常行为和异常行为的统计特征进行安全事件检测，基于人工智能的安全事件检测利用机器学习或深度学习进行安全事件检测。市面上有许多安全事件检测工具可供选择，如 Snort、Suricata、ELK Stack 等，这些工具提供了丰富的功能和配置选项，可以针对不同的安全需求进行定制化配置。

（2）安全事件检测的性能评估。为了确保安全事件检测的有效性，需要对检测系统进行性能评估。评估指标包括检测准确率、误报率、漏报率、响应时间等。通过性能评估，可以了解检测系统的优缺点和改进空间。针对性能评估发现的不足，可以采用多种方法进行优化，如调整参数、改进规则库、引入新的检测技术等。同时，加强安全事件数据的收集和分析，可提高对威胁的认知和预警能力；通过持续优化，可提升安全事件检测的性能和效果。

3. 安全事件的响应与处置

（1）安全事件响应。安全事件响应通常包括安全事件确认、初步分析、隔离和遏制、资源调配、完整响应和恢复等步骤。具体如下：

① 安全事件确认：核实安全事件的性质、来源和影响范围。
② 初步分析：收集相关日志、流量等数据，分析安全事件的性质和严重程度。
③ 隔离和遏制：隔离受影响的系统或资源，采取措施遏制安全事件的进一步扩大。
④ 资源调配：调度必要的应急资源，如专家团队、技术工具等。
⑤ 完整响应：进行详细的安全事件调查，找出根本原因，采取修复措施。
⑥ 恢复：恢复正常业务运行，确保系统安全。

（2）安全事件的处置。根据安全事件的性质和影响，可以采用不同的处置方法，如隔离、删除、修复、更新等。选择合适的方法可以最小化安全事件的影响。

安全事件的处置策略包括预防性策略（如定期更新和补丁管理）、检测性策略（如入侵检测和日志分析）和响应性策略（如应急响应计划）。

4. 安全事件检测的未来发展

（1）新技术与安全事件检测的融合创新。随着云计算、大数据、人工智能和区块链等新技术的快速发展，这些技术将逐渐融合到安全事件检测领域，为安全事件的处理提供更加强大的保障。

云计算可为安全事件数据存储和计算资源提供灵活性，大数据可提高安全事件的检测效率，人工智能可优化安全事件检测的策略和过程，区块链可提供数据完整性和可信度验证。

未来的安全事件检测将更加注重技术创新和融合，以应对不断变化的威胁。例如，利用人工智能可进行智能安全事件检测，利用区块链可进行数据完整性和可信度验证。

（2）安全事件检测面临的挑战及其解决方案。随着安全事件数量的增长和企业或组织业务复杂性的增加，安全事件检测面临新的挑战。例如，如何确保安全事件数据的可用性和可恢复性、如何有效保护敏感数据的安全性和隐私性等。

针对这些挑战，需要企业或组织不断探索新的解决方案和技术路径。例如，通过强化加密技术和访问控制技术来提高安全事件数据的可用性和可恢复性；通过标准化和开源化来降低技术的复杂度和成本；通过政策引导和市场机制来促进安全事件检测技术的发展和应用。

4.2.4.2 安全事件响应

1. 安全事件响应概述

（1）安全事件响应的定义与目标。安全事件响应是指对已发生或可能发生的安全事件进行及时、有效的应对和处置，以最小化安全事件的影响和损失。安全事件响应的目标是快速恢复受影响系统、遏制安全事件的扩散、查明安全事件原因、修复安全漏洞、减轻潜在威胁，以及预防类似事件的发生。

（2）安全事件响应在数字安全体系中的作用如下。

① 减少损失：及时有效的安全事件响应可以最大限度地减少安全事件造成的损失，包括数据泄露、业务中断和声誉损害等。

② 保障业务连续性：通过快速恢复受影响的系统和业务，安全事件响应有助于保障企业或组织的业务连续性。

③ 提升企业或组织形象：及时有效的安全事件响应可以提升企业或组织的形象和信誉，展示企业或组织对信息安全的重视程度。

④ 改进安全策略：通过分析安全事件的根本原因和攻击路径，安全事件响应有助于发现企业或组织安全策略的不足和安全漏洞，进而改进和完善安全策略。

（3）安全事件响应策略的制定与更新。安全事件响应策略是确保有效应对安全事件的关键，应明确企业或组织的安全事件响应流程、责任分工、技术工具和资源调配等。随着网络威胁的不断演变和技术的不断更新，企业或组织应定期评估和更新安全事件响应策略，以应对新的安全挑战和威胁。为了确保安全事件响应的有效性，企业或组织应定期进行培训和演练，提高员工的信息安全意识和应急处理能力。与其他企业或组织建立合作和信息共享机制，可共同应对复杂的威胁，提高整个行业的安全事件响应能力。

2. 安全事件响应的流程

（1）发现并识别安全事件。通过监测网络流量、日志记录等方式，可及时发现异常行为和潜在的安全事件。这通常依赖于自动化的检测工具和人工检测。对发现的异常行为进行分析，可确定该异常行为是否安全事件。在识别安全事件的过程中，需要考虑多种因素，如异常行为的性质、频率、影响范围等。

（2）对安全事件进行评估与分类。对确认的安全事件进行详细评估，包括安全事件的性质、严重程度、影响范围、攻击路径等。评估结果将为后续的安全事件处置和系统恢复提供重要依据。根据安全事件的性质和严重程度进行分类，以便采取不同的安全事件响应策略。常用的分类方法包括基于威胁类型的分类、基于攻击手段的分类、基于影响范围的分类等。

（3）安全事件的处置与恢复。根据安全事件的评估和分类结果，采取相应的处置措施，如隔离受影响的系统、删除恶意代码、修复安全漏洞等。在安全事件的处置过程中，需要确保处置措施及时、有效，并尽量减小安全事件对业务的影响。在处置完安全事件后，还需要进行系统和业务的恢复工作，包括恢复受影响的系统、数据和应用等。恢复过程需要确保数据的完整性和业务的连续性。

对安全事件响应的过程和结果进行总结和反思，可发现其中存在的问题和不足，以便在未来的安全事件响应中进行改进和优化。同时，将安全事件响应的经验教训分享给企业或组织内的其他成员，可提高企业或组织的整体信息安全意识和安全事件应对能力。

3. 安全事件响应策略的应用

（1）安全事件响应策略在企业或组织中的应用。随着网络威胁的增加，越来越多的企业或组织开始重视安全事件响应策略的制定和实施。企业或组织通过建立专门的安全事件响应团队、制订详细的安全事件响应流程和计划，以及定期进行培训和演练，可不断提高安全事件的应对能力。

例如，某大型互联网公司通过引入先进的安全技术，如威胁情报、沙箱分析和自动化响应工具，显著提高该公司对安全事件的发现和处置速度。同时，该公司还建立了完善的安全事件响应机制，确保在遭遇大规模攻击时能够快速恢复业务。

（2）安全事件响应策略在政府机构中的应用。由于政府机构的特殊地位和敏感性，因此其对安全事件响应的要求更为严格。政府机构通常需要与多个部门进行跨部门协作，共同应对安全事件。此外，政府机构还需要与私营企业和公民进行信息共享，以更好地保障公共安全。

例如，某国政府通过建立国家级的网络安全中心，整合了各部门的网络安全资源，为政府机构提供统一的安全事件响应服务。该网络安全中心通过实时监测、威胁情报分析和快速响应机制，有效降低了政府机构遭受网络攻击的风险。

（3）安全事件响应策略在金融机构中的应用。金融机构面临着巨大的网络安全风险，因此对安全事件响应策略的要求极高。金融机构不仅需要保障客户的信息安全，还需要确保交易的完整性和系统的稳定性。金融机构通常会采取更为严密的安全措施和技术手段，确保在发生安全事件时能够迅速恢复业务。

例如，某银行通过引入高级加密技术、多因素认证和持续监测系统等手段，提高了对安全事件的发现和处置能力。同时，该银行还与监管机构建立了紧密合作机制，确保在发生重大安全事件时能够及时获得支持和指导。

安全事件响应策略是在安全事件发生后，企业或组织采取的应对措施，应该包括明确的响应流程和责任分工，确保在事件发生时能够迅速做出反应。安全事件响应总体策略模型如图4-9所示，包括准备（Preparation）、检测（Detection）、遏制（Containment）、根除（Eradication）、恢复（Recovery）、跟踪（Follow-up）六个阶段，因此也称为PDCERF模型。

图4-9　安全事件响应总体策略模型

4.2.4.3　安全事件处置与恢复

安全事件的处置和恢复是恢复系统功能和确保数据完整性的关键步骤，需要采取适当的措施来清除威胁、修复系统，并追踪事件的起因和影响。安全事件处置和恢复需要充分准备，以降低安全事件对企业或组织造成的损失。安全事件处置与恢复流程如图 4-10 所示。

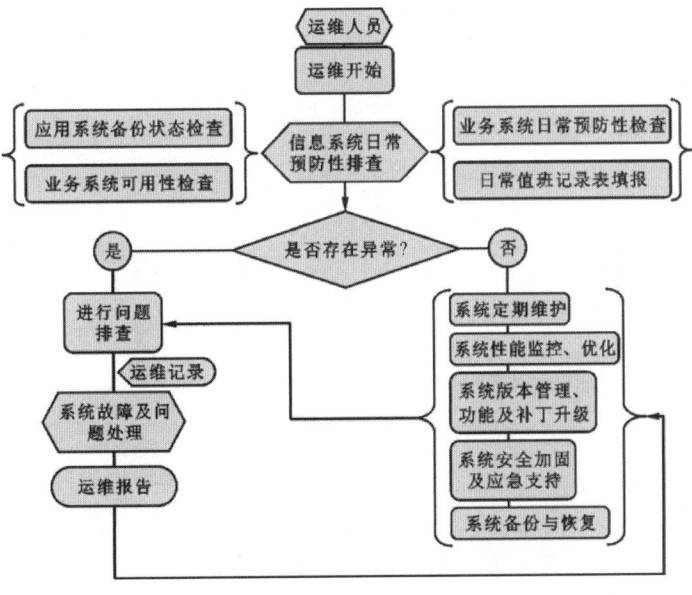

图 4-10　安全事件处置与恢复流程

> **结语**
>
> 安全控制与防御机制涉及多种技术和措施，可保护信息系统和网络免受恶意攻击和威胁。本节主要介绍了网络安全控制、身份认证与访问控制、安全加密与数据保护、安全事件响应与处置等内容。通过综合应用安全控制和防御机制，企业或组织可以构建一个全面、协同的安全保障体系，提升信息安全的整体水平。

4.3　安全架构的评估与优化

> **引言**
>
> 安全架构的评估与优化是确保信息系统和网络安全性的关键。随着网络攻击和威胁的不断演变，安全架构需要不断进行评估和优化，以确保其能够适应新的威胁和挑战。本节将介绍安全架构的评估方法、优化策略和实践，帮助企业或组织构建更加健壮和可持续的安全架构。

4.3.1　安全架构的评估方法

4.3.1.1　安全漏洞扫描

安全漏洞扫描作为一种自动化安全测试技术，旨在发现系统和应用程序中安全漏洞和弱点。安全漏洞扫描通过主动探测系统，使用已知的安全漏洞数据库和规则，可识别和定位系统中存在的安全漏洞。安全漏洞扫描能够及时发现系统的安全漏洞，为安全团队提供必要的修复建议和缓解措施。安全漏洞扫描示意图如图 4-11 所示。

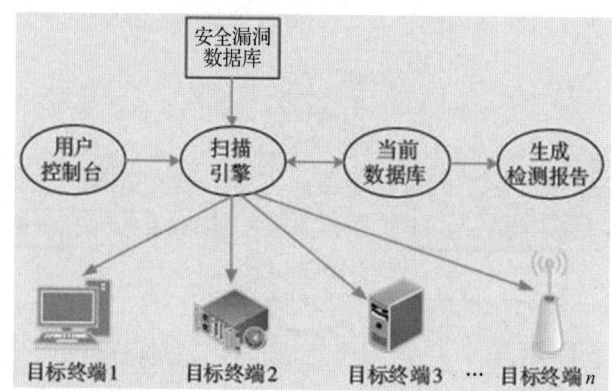

图 4-11　安全漏洞扫描示意图

1. 安全漏洞扫描概述

（1）安全漏洞的定义与分类。安全漏洞是指信息系统中的缺陷或弱点，可能导致未经授权的访问、数据泄露或其他威胁。根据安全漏洞的性质和影响，可以将安全漏洞分为不同的类型，如缓冲区溢出、跨站脚本攻击等。

（2）安全漏洞扫描的原理与工作流程。安全漏洞扫描是通过模拟攻击者的行为和手段，对目标系统进行深入探测，从而发现潜在风险和安全漏洞的。安全漏洞扫描的过程如下。

① 确定目标：明确需要扫描的目标系统或资产。

② 配置扫描参数：根据目标系统的特点，配置扫描的参数和选项。

③ 执行扫描：启动扫描器对目标系统进行安全漏洞扫描。

④ 结果分析：分析扫描结果，识别存在的安全漏洞和风险。

⑤ 报告生成：生成详细的安全漏洞。

（3）安全漏洞扫描的关键技术与方法。

① 模糊测试：通过发送随机或异常的数据包，观察目标系统的反应，发现潜在的安全漏洞。

② 端口扫描：检测目标系统的开放端口，了解目标系统的服务状态和潜在的风险。

③ 指纹识别：识别目标系统的操作系统、应用程序等信息，为安全漏洞扫描提供参考依据。

④ 利用插件或脚本进行扫描：利用已知的插件或脚本，对目标系统进行针对性的安全漏洞扫描。

⑤ 自动化扫描与手动扫描的结合：根据实际情况，采用自动化扫描工具进行大规模的快速扫描，同时结合手动扫描以发现更深层次的安全问题。

2. 安全漏洞扫描工具及其性能评估

（1）常用的安全漏洞扫描工具。Nmap 即 Network Mapper，是一款开源的网络安全漏洞扫描工具，用于发现目标系统中的开放端口。Nessus 是目前使用最多的系统完全漏洞扫描与分析软件，可提供详细的安全漏洞信息和修复建议。OpenVAS 是基于 Nessus 的开源的安全漏洞扫描工具，可提供广泛的安全漏洞检测能力。Metasploit 不仅是一款安全漏洞扫描工具，还可提供攻击和渗透测试的功能。

（2）安全漏洞扫描工具的性能评估。在评估安全漏洞扫描工具的性能时，首先需要确定性能指标，如扫描速度、准确性、安全漏洞覆盖率等；其次要选择评估方法，可采用实际测试、对比实验等方法，对安全漏洞扫描工具的性能进行评估。另外，根据性能评估结果，可进行性能优化，如调整扫描参数、使用多线程技术等。随着安全漏洞扫描技术的发展，需要不断优化安全漏洞扫描工具，提高扫描性能和效果。

3. 安全漏洞的识别与修复

（1）安全漏洞的识别。通过代码审查、安全漏洞扫描、渗透测试等技术，可识别目标系统中的安全漏洞。安全漏洞的识别过程如下。

① 确定范围：明确需要检查的目标系统和资产范围。
② 信息收集：收集关于目标系统的相关信息，如系统配置、应用程序版本等。
③ 安全漏洞扫描：使用安全漏洞扫描工具对目标系统进行检测。
④ 结果分析：分析扫描结果，识别存在的安全漏洞。
⑤ 报告生成：生成详细的安全漏洞报告，记录每个安全漏洞的详细信息。

（2）安全漏洞的风险评估与优先级排序。安全漏洞的风险评估是指对每个识别到的安全漏洞进行风险评估，确定其可能的影响范围和严重程度。安全漏洞的优先级排序是指根据风险评估结果，对安全漏洞进行优先级排序，确定修复的先后顺序。

（3）安全漏洞的修复策略与最佳实践。根据安全漏洞的性质和影响，制定针对性的修复策略，如打补丁、更新软件版本、修改配置等。安全漏洞修复的最佳实践包括及时更新软件和操作系统、实施安全编码规范、定期进行安全培训等。在修复安全漏洞后，还需要进行验证和测试，确保安全漏洞已被正确修复且不会引入新的问题。

4. 安全漏洞扫描的未来发展

（1）新技术与安全漏洞扫描的融合创新。随着新技术的发展，越来越多的新技术开始与安全漏洞扫描相结合，推动安全漏洞扫描的创新发展。例如，人工智能可用于安全漏洞的自动化扫描和未知漏洞的识别；区块链可用于确保安全漏洞扫描数据的完整性和可信性；云计算技术可提供大规模、高效的安全漏洞扫描服务。这些新技术与安全漏洞扫描技术的融合将进一步提高安全漏洞扫描的效率和准确性。

（2）安全漏洞扫描面临的挑战及其解决方案。尽管安全漏洞扫描取得了显著进展，但仍面临一些挑战。例如，如何处理海量的安全数据、如何提高安全漏洞扫描的准确性和效率、如何应对不断演变的威胁环境等。为了解决这些挑战，需要进一步探索新的技术和方法，例如，采用数据挖掘和机器学习对海量数据进行处理和分析，以提高数据处理效率；研究更加智能和自适应的安全漏洞扫描算法，以提高扫描的准确性；开发更加灵活和可扩展的安全漏洞扫描工具，以适应不断演变的威胁环境。

（3）安全漏洞扫描的发展趋势。未来，安全漏洞扫描将朝着更加智能化、自动化和高效化的方向发展。一方面，随着人工智能的不断发展，安全漏洞扫描将更加智能化，能够自动识别和修复未知安全漏洞。另一方面，随着云计算和分布式技术的普及，安全漏洞扫描将更加高效，能够处理海量的数据并快速发现风险。此外，随着物联网和工业互联网的快速发展，针对这些新型网络架构的安全漏洞扫描技术也将成为研究热点。展望未来，安全漏洞扫描将在提高网络安全防御能力方面发挥越来越重要的作用，为保障关键信息基础设施的安全提供有力支持。同时，随着技术的不断创新和发展，安全漏洞扫描将继续演进，为应对不断演变的威胁环境提供更加全面和有效的解决方案。

4.3.1.2 渗透测试

作为一种模拟真实攻击的手段，渗透测试可通过攻防对抗对系统的防御措施和安全策略进行全面测试和验证，旨在发现未知安全漏洞和潜在风险。

1. 渗透测试概述

（1）渗透测试的定义与作用。渗透测试是一种模拟黑客攻击的方法，用于评估系统的安全性。通过渗透测试，可以发现系统中的未知安全漏洞和潜在风险。渗透测试对提高系统的安全性具有重要作用，通过发现并修复安全漏洞，可增强系统的防御能力，降低系统被攻击的风险。

渗透测试是基于黑客攻击的方法和工具来实现的，通过模拟攻击者的行为来发现目标系统中的安全漏洞，其流程如图 4-12 所示。

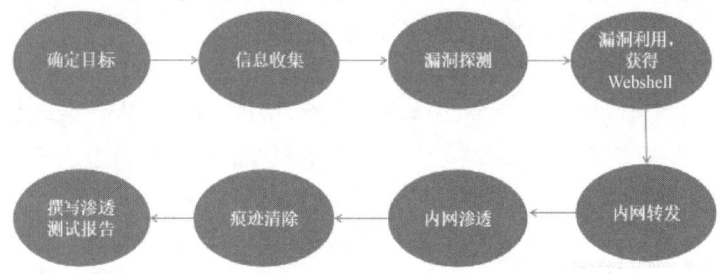

图 4-12　渗透测试的流程

（2）渗透测试的目标。渗透测试旨在发现系统中的安全漏洞和弱点，为系统管理员和安全团队提供有价值的信息，以便及时修复和加固系统。具体的目标包括：

- 识别潜在的风险：通过模拟黑客的攻击，发现系统中可能存在的安全漏洞。
- 评估系统的安全性：通过渗透测试结果评估系统的安全性水平，为制定安全策略提供依据。
- 提高系统的防御能力：通过发现和修复安全漏洞，提高系统的防御能力，降低系统被攻击的风险。

2. 渗透测试的方法与工具

（1）常用的渗透测试方法如下。

- 信息收集：通过搜索引擎、社交媒体和其他公开渠道收集关于系统的信息，如系统版本、配置等。
- 安全漏洞扫描：利用安全漏洞扫描工具对目标系统进行安全漏洞检测。
- 社会工程学：利用人类心理弱点进行攻击，如钓鱼攻击、假冒身份等。
- 密码破解：尝试破解系统密码，获取对系统的访问权限。
- 后门与持久性：在系统中留下后门，以便日后再次访问。

（2）常用的渗透测试工具或平台如下。

- Nmap：用于网络扫描和安全审计的开源网络探测工具。
- Metasploit：用于进行渗透测试和安全漏洞利用的框架。
- Wireshark：用于网络流量分析和协议分析的网络分析工具。
- Kali Linux：一个包含多种渗透测试工具的 Linux 发行版。

3. 渗透测试的实施

（1）渗透测试的规划与准备，主要包括：

- 确定测试目标：明确渗透测试的目标，如评估系统的安全性、发现潜在的安全漏洞等。
- 收集相关信息：收集关于系统的相关信息，如系统版本、配置、应用程序等。
- 制订测试计划：根据测试目标制订详细的测试计划，包括测试范围、时间、资源等。
- 获取授权：确保在进行渗透测试前获得系统的合法授权。

（2）渗透测试的执行与监测，主要包括：

- 配置测试环境：搭建与系统相似的测试环境，以便进行安全漏洞的复现和验证。
- 安全漏洞扫描：利用安全漏洞扫描工具对系统进行安全漏洞检测，并记录扫描结果。
- 信息收集：通过搜索引擎、社交媒体和其他公开渠道收集关于系统的信息，为进行渗透测试提供支持。
- 安全漏洞利用：根据发现的安全漏洞进行渗透攻击，验证安全漏洞的可利用性。
- 监测与日志记录：在整个渗透测试过程中，对测试活动进行实时监测并记录日志，确保渗透测试的合规性和可追溯性。

（3）渗透测试的结果分析与报告，主要包括：

- 结果分析：对渗透测试过程中收集的数据和日志进行深入分析，识别潜在的风险和安全漏洞。
- 安全漏洞评估：根据安全漏洞的性质和影响，对安全漏洞进行评估，为后续的安全漏洞修复提供依据。
- 编写报告：根据测试结果，编写详细的渗透测试报告，包括安全漏洞概述、影响范围、建议的修复措施等。
- 报告审查与批准：对渗透测试报告进行审查和批准，确保报告的准确性和完整性。
- 结果沟通与反馈：将渗透测试结果及时与相关人员进行沟通，提供修复建议和安全加固措施，确保系统的安全性得到提升。

4. 渗透测试的挑战与未来发展

（1）渗透测试面临的挑战。

- 复杂性和动态性：现代信息系统变得越来越复杂，涉及多个组件之间的交互，使得渗透测试更具挑战性。同时，动态变化的威胁环境也增加了渗透测试的难度。
- 合规性与法律限制：在进行渗透测试时，需要遵守相关法律法规和行业标准，确保渗透测试的合规性。这可能限制了渗透测试的范围和深度。
- 资源与技能限制：渗透测试需要经验丰富的人员、高效的工具等，缺乏这些资源会影响渗透测试的效果。
- 误报与漏报：渗透测试可能存在误报和漏报的情况，这会影响渗透测试结果的准确性和可靠性。
- 信息安全意识与信息安全文化：企业或组织内部的信息安全意识和信息安全文化对于渗透测试的成功实施至关重要。缺乏足够的支持和合作可能导致渗透测试的效果不佳。

（2）渗透测试的未来发展。
- 标准化与合规性：随着人们对信息安全重视程度的提高，未来将会出台更多的渗透测试标准和技术规范，以确保渗透测试的合规性和一致性。
- 智能化与自动化：人工智能将在渗透测试中发挥越来越大的作用，实现自动化的安全漏洞检测、威胁模拟和结果分析。
- 集成化与综合性：未来的渗透测试将更加集成化和综合性，涵盖多方面的安全评估，如应用程序安全、基础设施安全等。
- 持续性与动态性：随着威胁环境的演变，渗透测试将更加注重持续性和动态性，以便及时发现新的安全漏洞。
- 以人为本与合作共赢：企业或组织内部的信息安全意识和信息安全文化将成为渗透测试成功的重要因素。加强培训和教育，促进跨部门和跨领域的合作将成为渗透测试未来的重要发展趋势。

4.3.1.3 安全架构审查

安全架构审查是指对企业或组织的安全架构进行全方位的检查和评估。通过审查企业或组织的系统架构设计、网络拓扑、身份认证和访问控制策略等关键组成部分，可发现安全漏洞。安全架构审查的目的是找出安全架构中的薄弱环节，为后续的优化提供决策支持。企业或组织的安全架构如图 4-13 所示。

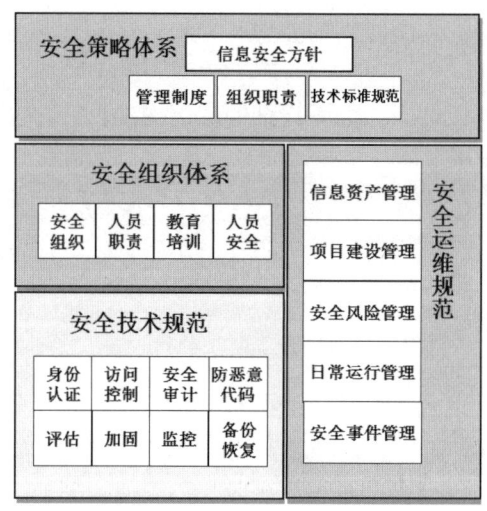

图 4-13　企业或组织的安全架构

1. 安全架构审查概述

（1）安全架构审查的定义与目标。安全架构审查是指对信息系统安全架构进行的评估活动，旨在识别、评估和解决潜在的安全风险和安全漏洞。安全架构审查的目标包括：
- 识别风险：通过安全架构审查发现潜在的风险和安全漏洞，为后续的风险管理和安全漏洞修复提供依据。
- 确保合规性：确保安全架构符合相关法律法规、行业标准和企业或组织的要求。
- 优化安全设计：通过对现有安全架构进行评估，提出改进建议，提高系统的安全性。

(2)安全架构审查的作用。
- 提高系统的整体安全性：及时发现和修复潜在的风险和安全漏洞，可降低系统被攻击的风险，提高系统的整体安全性。
- 满足合规要求：确保系统的安全架构符合相关法律法规、行业标准和企业或组织的要求，可避免合规性问题。
- 增强风险管理能力：通过定期进行安全架构审查，持续监测和评估系统的安全性，可提高企业或组织的风险管理能力。
- 促进信息安全文化发展：安全架构审查可促进企业或组织内部对安全问题的关注和重视，推动信息安全文化的建设和发展。

(3)安全架构审查在企业或组织中的应用价值。
- 提升企业竞争力：通过有效的安全架构审查，可提高企业或组织的信息安全水平，降低因安全问题导致的业务风险，提升企业或组织的竞争力。
- 保障业务连续性：及时发现和修复安全漏洞，可确保企业或组织关键业务的连续性和稳定性。
- 优化资源分配：根据安全架构审查结果，可合理分配安全资源，提高资源的使用效率。
- 增强合作伙伴的信任度：通过满足合规性和展现高度的安全性，可增强合作伙伴和客户的信任度。

2. 安全架构审查的方法、流程和最佳实践

(1)安全架构审查的常用方法。
- 文档审查：对系统的相关文档进行仔细阅读和审查，了解系统架构和安全设计。
- 风险评估：识别和评估系统面临的风险，确定风险等级和影响范围。
- 安全漏洞扫描：利用安全漏洞扫描工具检测系统的安全漏洞，发现潜在的安全漏洞。
- 代码审查：对系统代码进行审查，确保代码的安全性和合规性。
- 模拟攻击：模拟对系统的攻击，验证系统的防御措施和安全性。
- 工具辅助：利用安全架构审查工具（如架构分析、威胁建模等工具），提高安全架构的审查效率。

(2)安全架构审查的流程。
- 需求分析：明确安全架构审查的目标、范围和要求，确定审查的重点和关注点。
- 收集资料：收集与系统相关的文档、代码、配置等资料，为安全架构审查提供基础数据。
- 风险评估：进行风险评估，识别和评估系统面临的风险，制定相应的风险应对措施。
- 安全漏洞扫描：进行安全漏洞扫描，发现潜在的安全漏洞，记录安全漏洞信息并对安全漏洞进行分类。
- 模拟攻击：模拟对系统的攻击，验证系统的防御措施和安全性，发现潜在的安全漏洞。
- 问题汇总：对在安全架构审查过程中发现的问题进行汇总，整理成问题清单。
- 报告编写：根据问题清单编写审查报告，提出改进建议和安全漏洞修复措施。
- 结果沟通：将审查结果及时与相关人员进行沟通，确保问题得到及时解决。
- 持续监测：对系统进行持续监测，确保信息安全的持续性。

（3）安全架构审查的最佳实践。
- 明确目标和范围：在开始安全架构审查前，明确安全架构审查的目标和范围，确保审查工作的针对性和有效性。
- 选择合适的工具和方法：根据实际情况选择合适的工具和方法，提高安全架构审查的效率和质量。
- 加强沟通和协作：加强与相关人员的沟通和协作，确保安全架构审查工作的顺利进行。
- 注重细节和质量：在安全架构审查过程中注重细节和质量，确保审查结果的准确性和可靠性。
- 持续学习和改进：不断学习和改进安全架构审查的方法和流程，提高安全架构审查的水平。

3. 安全架构审查的关键要素

（1）安全架构审查中的关键风险点识别。
- 识别关键业务和关键功能：确定系统中的关键业务和关键功能，了解它们对整体业务的影响程度。
- 外部威胁识别：识别可能对系统构成威胁的外部因素，如恶意攻击、自然灾害等。
- 内部脆弱性评估：评估系统内部的脆弱性，如配置不当、软件漏洞等。
- 识别潜在的风险：结合外部威胁的识别结果和内部脆弱性的评估结果，识别可能对系统构成威胁的风险。

（2）安全架构审查中的关键措施评估。
- 访问控制评估：评估系统的访问控制策略，确保只有授权用户才能访问敏感数据和资源。
- 数据保护措施：评估数据在存储、传输和处理过程中的保护措施，确保数据的机密性和完整性。
- 安全审计与监测机制：评估系统的安全审计和监测机制，确保及时发现并响应安全事件。
- 备份与恢复策略：评估系统的备份和恢复策略，确保在发生安全事件时能够快速恢复业务。

4. 安全架构审查的改进与优化建议

（1）安全架构审查结果的反馈与报告。
- 审查结果整理：对在安全架构审查过程中发现的问题和安全漏洞进行整理，形成问题清单和安全漏洞清单。
- 报告编写与发布：根据整理结果编写审查报告，详细描述在安全架构审查过程中发现的问题、安全漏洞及改进建议，确保报告内容准确、清晰，并及时发给相关人员。
- 结果反馈与沟通：将审查结果及时发给相关人员，确保他们了解安全架构的审查情况并采取相应措施；同时，保持与利益相关方的沟通，确保利益相关方能够理解和接受安全架构的审查结果。

（2）安全架构审查的改进措施与优化方案。
- 问题整改：针对在安全架构审查过程中发现的问题，制定具体的整改措施和时间表，确保问题得到及时解决。

- 安全漏洞修复：根据安全漏洞清单，制订安全漏洞的修复计划并安排相应的资源进行安全漏洞修复工作，确保安全漏洞得到及时修复。
- 优化方案制定：基于安全架构的审查结果，制定安全架构的优化方案，包括改进安全设计、加强安全控制、提高系统安全性等，确保优化方案具有可行性和有效性。
- 开展相关培训：针对审查中发现的问题和安全漏洞，企业或组织可开展相关培训，提高相关人员的信息安全意识和技能水平。

（3）安全架构审查的持续监测与跟踪评估。

- 持续监测：建立持续监测机制，对安全架构进行定期或不定期审查，确保系统的安全性得到持续保障。
- 跟踪评估：对审查后的问题整改和安全漏洞修复工作进行跟踪评估，确保改进措施得到有效执行，并及时发现新的问题和安全漏洞。
- 反馈循环：将监测和评估结果及时反馈给相关人员，促进持续改进和优化安全架构；同时，将检测和评估结果纳入知识管理体系，为安全架构设计和审查提供参考。

4.3.1.4 安全策略合规性评估

安全策略合规性评估的目的是确保企业或组织的安全策略与相关法规、标准和最佳实践相符合。通过对安全策略的制定和实施过程进行审查，可确保企业或组织在信息安全管理中符合法律要求和行业规范。

1. 安全策略合规性评估概述

（1）安全策略合规性评估的定义与目标。安全策略合规性评估是指对企业或组织的安全策略与相关法规、标准或最佳实践的一致性进行评估。安全策略合规性评估的目标包括识别合规性差距、确保合规性、优化安全策略。

（2）安全策略合规性评估的作用。

- 法律遵从：确保企业或组织的业务活动符合相关法律法规的要求，避免法律风险和违规处罚。
- 风险管理：识别和解决安全策略中的合规性风险，降低因不合规问题导致的潜在损失。
- 声誉保护：提高企业或组织的声誉和公信力，展示其对安全的重视。
- 竞争优势：通过确保合规性，提高企业或组织的市场竞争力。
- 合规文化：促进企业或组织形成遵守法规、重视合规性的文化氛围。

（3）安全策略合规性评估在企业或组织中的应用价值。

- 战略价值：为企业或组织的战略发展提供合规性支持，确保业务发展的合法性和可持续性。
- 风险防控：及时发现和解决安全策略中的合规性风险，降低企业或组织的运营风险。
- 法规遵循：确保企业或组织的业务活动遵循相关法律法规，避免法律纠纷和处罚。
- 品牌建设：提高企业或组织品牌形象和市场地位，增强消费者和合作伙伴的信任度。

2. 安全策略合规性评估的方法、流程和最佳实践

（1）安全策略合规性评估的方法。

- 文档审查：对企业或组织的安全策略进行仔细审查，了解安全策略的内容、目标和适用范围。
- 风险评估：识别安全策略中存在的合规性风险，评估其对企业或组织的影响程度。

- 合规性检查表：用于检查企业或组织的安全策略。
- 工具辅助：利用安全策略合规性评估工具（如合规管理平台、安全策略管理工具等），提高安全策略合规性评估效率。

（2）安全策略合规性评估的流程。

- 需求分析：明确安全策略合规性评估的目标、范围和要求，确定评估的重点。
- 收集资料：收集企业或组织的安全策略文档、相关法规、标准或最佳实践等资料，为安全策略合规性评估提供基础数据。
- 风险评估：对企业或组织的安全策略进行风险评估，识别存在的合规性风险。
- 合规性检查：利用合规性检查表或工具对企业或组织的安全策略进行逐项检查，确保其符合相关法规、标准或最佳实践的要求。
- 问题汇总：对在安全策略合规性评估过程中发现的问题进行汇总，整理成问题清单。
- 报告编写：根据问题清单编写评估报告，提出改进建议。
- 结果沟通：将评估结果及时反馈给相关人员，确保问题得到及时解决。
- 持续监测：持续监测企业或组织的安全策略。

（3）安全策略合规性评估的最佳实践。

- 明确目标和范围：在开始安全策略合规性评估前，明确评估的目标和范围，确保评估工作的针对性和有效性。
- 选择合适的工具和方法：根据实际情况选择合适的工具和方法，提高安全策略合规性评估的效率和质量。
- 加强沟通和协作：确保安全策略合规性评估工作的顺利进行。
- 注重细节和质量：在安全策略合规性评估过程中注重细节和质量，确保评估结果的准确性和可靠性。
- 持续学习和改进：不断学习和改进安全策略合规性评估的方法和流程，提高安全策略合规性评估水平。

3. 安全策略合规性评估的关键要素

（1）安全策略合规性评估中的关键风险点识别。

- 合规性风险：识别安全策略中可能存在的合规性风险，如不符合相关法规、标准或最佳实践等的要求。
- 业务风险：评估安全策略不合规对企业或组织产生的负面影响，如声誉损失、法律纠纷或运营中断。
- 技术风险：分析安全策略中的技术限制或缺陷。

（2）安全策略合规性评估中的关键。

- 安全策略的一致性评估：检查安全策略与企业或组织的其他安全控制措施是否一致。
- 安全策略的实施情况评估：评估安全策略的实施情况，包括员工的遵循情况和制度的执行力度。
- 安全策略的有效性评估：基于安全策略的实际效果，评估安全策略是否能有效降低风险并保护企业或组织的资产。

4. 安全策略合规性评估的改进与优化建议

（1）安全策略合规性评估结果的反馈与报告。

- 结果整理：对安全策略合规性评估的结果进行整理，形成详细的评估报告。

- 报告分发:确保评估报告能够及时、准确地传达给相关的人员和部门。
- 沟通与反馈:与利益相关方进行沟通,收集他们的反馈意见,以便进一步改进和优化安全策略。

(2)安全策略合规性评估的改进措施与优化方案。
- 问题整改:针对发现的问题,制定具体的整改措施。
- 优化方案制定:基于评估结果,制定安全策略的优化方案,提高安全策略的合规性和有效性。
- 开展培训:针对评估结果中发现的不足,企业或组织应开展相关的培训,提高相关人员的信息安全意识和技能水平。
- 资源投入:根据评估结果合理配置资源,确保安全策略的改进和优化能够得到有效的实施。

(3)安全策略合规性评估的持续监测与跟踪评估。
- 持续监测:建立持续监测机制,定期或不定期地对安全策略的合规性进行复查,确保安全策略持续符合相关法规、标准或最佳实践的要求。
- 跟踪评估:对安全策略的改进和优化工作进行跟踪、评估,确保改进措施得到有效执行。
- 反馈循环:将监测和评估结果及时反馈给相关人员,促进持续改进和优化安全策略;同时,将结果纳入知识管理体系,为安全策略的设计和评估提供参考。

4.3.2 安全架构的优化策略

4.3.2.1 强化访问控制

强化访问控制是优化安全架构的重要措施之一,侧重于规范和强化用户对系统的访问权限。通过引入基于身份认证和授权的访问控制策略,如零信任安全模型,企业或组织可以实现精细化的权限管理,确保用户只能访问其授权范围内的资源。访问控制的示意图如图 4-14 所示。

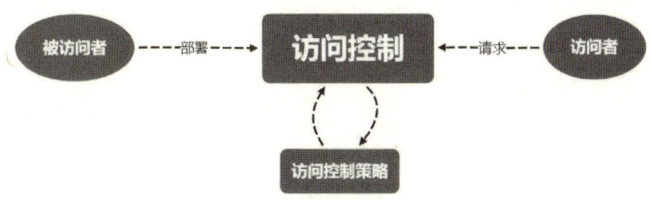

图 4-14 访问控制的示意图

1. 访问控制策略的制定与实施

(1)访问控制策略的制定原则与步骤。访问控制策略的制定原则包括:
- 最小权限原则:用户应仅获得完成工作所需的最小权限。
- 完整性原则:确保数据在授权访问过程中不被篡改或损坏。
- 按需知密原则:仅授权用户访问其工作所需的信息,不泄露非必要的数据。

访问控制策略的制定步骤如下:

- 需求分析：明确企业或组织的安全需求和目标。
- 风险评估：识别潜在的风险和威胁。
- 权限分配：基于角色或职责分配适当的权限。
- 文档化：将访问控制策略文档化，确保所有相关人员都清楚了解访问控制策略。
- 审查与更新：定期审查访问控制策略，确保其符合企业或组织的需求和安全标准，并根据需要进行更新。

（2）访问控制策略的实施方法。
- 基于角色的访问控制（RBAC）：根据用户角色或职责赋予相应的权限。
- 多因素认证：采用两种或多种认证方式（如密码、动态令牌、生物识别等）进行身份认证。
- 强制访问控制（MAC）：采用中央策略（如 SELinux、AppArmor 等）来决定哪些主体可以访问哪些客体。
- 网络分段与隔离：将网络划分为不同的安全区域，降低潜在风险。
- 使用最新工具和技术：如使用加密技术（用于保护数据传输和存储）、安全审计和监测工具等。
- 定期进行安全培训：确保员工了解并遵循访问控制策略。
- 定期进行审计与监测：检查系统的安全性，确保没有未授权的访问或异常行为。

（3）访问控制策略的最佳实践。
- 持续审查与更新：随着企业或组织的业务发展和技术的进步，访问控制策略应持续进行审查和更新，确保其始终反映当前的安全需求和标准。
- 跨部门合作：确保 IT 部门与其他业务部门密切合作，使访问控制策略既满足业务需求，又保障信息安全。
- 员工教育与培训：定期为员工提供关于访问控制的培训和指导，确保他们了解并遵循相关政策和标准。
- 实施前充分准备：在实施访问控制策略前应进行充分的准备和规划，确保实施工作的顺利进行。
- 测试与反馈：在实施访问控制策略前应进行充分的测试，并根据测试结果对访问控制策略进行调整和优化。

2. 多层次安全防御的整合

（1）整合网络层面的访问控制策略。网络层面的访问控制是确保网络安全的第一道防线。整合网络层面的访问控制策略旨在确保只有授权的用户和设备能够访问网络资源，防止未经授权的访问和潜在的威胁。在整合过程中，应考虑以下几个方面：
- 网络设备访问控制：对网络设备进行访问控制，限制网络设备对路由器、交换机等设备的访问，确保只有授权用户才能对网络设备进行配置和管理。
- 子网隔离与 VLAN 划分：通过子网隔离和 VLAN 划分，将不同的用户和业务划分到不同的子网或 VLAN 中，降低潜在的风险。
- 流量过滤与监测：使用防火墙和入侵检测系统等工具对网络流量进行过滤和监测，防止恶意流量和攻击的入侵。
- VPN 与远程访问控制：通过 VPN 和远程访问控制技术，确保远程用户能够安全地访问企业或组织内部的资源，同时对远程用户的访问行为进行监测和管理。

(2) 整合系统层面的访问控制策略。系统层面的访问控制是确保操作系统、数据库等系统安全的重要措施。在整合系统层面的访问控制策略时,应考虑以下几个方面:
- 账户管理:建立严格的账户管理策略,对账户的创建、修改、删除等操作进行记录和监测;同时,采用强密码策略,确保密码的复杂性和长度。
- 权限分配:根据最小权限原则,仅授予用户完成工作所需的最小权限,避免出现超级用户或具有过多权限的用户。
- 审计与日志记录:对系统层面的操作进行审计并记录相关的日志,以便及时发现异常行为和潜在的威胁。
- 系统更新与补丁管理:及时更新操作系统、数据库等的补丁,防止已知安全漏洞被利用。
- 安全配置管理:对系统进行安全配置,关闭不必要的服务和端口,遏制潜在的风险。

(3) 整合应用层面的访问控制策略。应用层面的访问控制是确保应用程序安全的重要措施。在整合应用层面的访问控制策略时,应考虑以下几个方面:
- 身份认证:建立多因素身份认证机制,采用用户名/密码、动态令牌、生物识别技术等进行身份认证,确保只有经过授权的用户才能访问应用程序。
- 会话管理:对会话进行管理,限制会话时间、会话数量等,防止发生会话劫持攻击。
- 数据保护:对敏感数据进行加密存储和传输,防止数据泄露和未授权的访问;同时,限制对敏感数据的访问权限,确保只有授权人员才能访问敏感数据。
- 功能权限控制:根据职责和工作需求,对应用程序功能进行权限控制,确保用户只能访问其所需的功能模块,防止越权操作。

3. 强化访问控制的关键要素

(1) 实时监测与预警。实时监测与预警是强化访问控制的重要手段之一,旨在及时发现异常行为和潜在的威胁。在实时监测与预警中,应考虑以下几个方面:
- 监测范围:确定需要实时监测的范围,包括网络设备、操作系统、应用程序等关键资源。
- 监测工具:选择合适的监测工具(如入侵检测系统、安全事件管理系统等),以实现对访问行为的实时监测和分析。
- 预警机制:建立预警机制,根据监测结果和访问控制策略,对异常行为进行实时预警,以便及时发现潜在的威胁。
- 实时响应:制订实时响应计划,对预警信息进行快速处理和响应,采取相应的措施防止安全事件的发生或减轻其影响。

(2) 安全审计与日志分析。安全审计与日志分析是强化访问控制的重要手段之一,旨在发现潜在的风险和违规行为。在安全审计与日志分析中,应考虑以下几个方面:
- 审计范围:确定需要审计的范围,如网络设备、操作系统、应用程序等关键资源。
- 审计策略:制定合适的审计策略,如审计频率、审计内容、审计方式等,以确保审计的有效性和完整性。
- 日志收集:收集相关的日志信息,如系统日志、应用程序日志、安全设备日志等,以便进行分析和审计。
- 日志分析:对收集到的日志进行分析,发现潜在的风险和违规行为;利用日志分析工具(如日志分析器、安全事件管理系统等),进行深入的分析和挖掘。

- 审计报告：定期生成审计报告，总结审计结果并分析发现的问题，将审计结果反馈给相关部门和人员，以便及时采取相应的整改措施。

(3) 安全漏洞的评估与修复。安全漏洞的评估与修复是强化访问控制的重要环节之一，旨在发现和修复潜在的安全漏洞。在安全漏洞评估与修复中，应考虑以下几个方面：

- 安全漏洞评估工具：选择合适的安全漏洞评估工具（如安全漏洞扫描器、渗透测试工具等），对关键资源进行安全漏洞扫描和评估。
- 安全漏洞扫描范围：确定需要进行安全漏洞扫描的范围，包括网络设备、操作系统、应用程序等关键资源，确保扫描范围覆盖所有的关键资产。
- 安全漏洞修复计划：根据安全漏洞评估结果，制订相应的安全漏洞修复计划，优先修复高危险的安全漏洞，确保关键资产的安全性得到及时保障。
- 安全漏洞修复跟踪：对安全漏洞修复过程进行跟踪和管理，确保修复工作得到有效执行；建立修复记录和反馈机制，及时处理修复过程中遇到的问题和挑战。
- 持续监测与更新：对已修复的安全漏洞进行持续监测和更新，确保不再出现相同或类似的安全漏洞；定期进行安全漏洞评估和修复工作，确保整个系统的安全性得到持续保障。

4. 访问控制策略的持续改进与优化

(1) 访问控制策略的定期审查与更新。随着企业或组织业务的发展和技术的进步，访问控制策略需要定期审查和更新，以确保其始终反映当前的安全需求和标准。在访问控制策略定期审查与更新中，应考虑以下几个方面：

- 审查频率：确定访问控制策略的审查频率，如每年或每两年进行一次全面审查，根据企业或组织的安全需求和风险评估结果，灵活调整审查频率。
- 审查内容：确定审查的内容和范围，包括访问控制策略的完整性、合规性、可操作性等；同时，关注新型的威胁和风险，确保访问控制策略的有效性和适应性。
- 更新措施：根据审查结果，及时更新访问控制策略，如调整权限分配、加强安全控制、优化访问流程等，确保访问控制策略的更新与企业或组织的发展和安全需求保持同步。
- 文档化管理：对访问控制策略进行文档化管理，记录访问控制策略的制定、审查、更新等过程，建立完善的策略文档库，方便查阅和管理。
- 培训与沟通：加强培训和沟通工作，确保相关人员了解和遵循新的访问控制策略。

(2) 访问控制技术的持续跟踪与研究。随着技术的不断发展，新的访问控制技术和方法不断涌现。为了确保企业或组织的访问控制体系的性能，需要对访问控制技术进行持续跟踪与研究。在访问控制技术的持续跟踪与研究中，应关注以下几个方面：

- 技术发展趋势：关注访问控制技术的发展趋势，了解新兴技术和方法；关注业界的安全动态和最佳实践，及时掌握最新的技术进展。
- 技术评估与测试：对新的访问控制技术进行评估和测试，了解其优缺点和应用场景；结合企业或组织的实际需求和场景，选择合适的技术和方法进行试点和推广。
- 学术研究与实践：关注学术界的研究成果和实践经验，参与相关的学术交流和技术研讨；通过学术研究和实践经验的积累，不断提升企业或组织的访问控制水平。
- 技术团队建设：加强技术团队的建设和管理，提升团队成员的技术水平和创新能力；鼓励团队成员参与技术交流、培训和学习，提升团队的整体实力和竞争力。

- 合作与交流：与其他机构进行合作与交流，共享技术和经验，拓展企业或组织的视野和技术资源，促进访问控制技术的共同进步与发展。

（3）访问控制系统的安全漏洞预警与预防措施。为了及时发现和处理访问控制系统存在的安全漏洞，需要建立安全漏洞预警与预防措施。在访问控制系统的安全漏洞预警与预防措施中，应关注以下几个方面：

- 安全漏洞监测与预警：建立安全漏洞监测机制，实时监测访问控制系统的安全状态；通过安全漏洞扫描工具、日志分析等，及时发现潜在的安全漏洞；建立预警系统，对发现的安全漏洞进行实时预警和通知，以便及时响应和处理安全漏洞。
- 应急预案制定：针对可能出现的安全漏洞和安全事件制定应急预案，明确应急响应流程、责任分工和处置措施，确保在发生安全事件时能够迅速响应并采取有效的应对措施。
- 安全漏洞修补与加固：制订安全漏洞修复计划，及时修复已发现的安全漏洞，优先修复高危险的安全漏洞；加强系统安全性加固措施的实施和管理，提高访问控制系统的整体安全性。

4.3.2.2 加强身份认证

加强身份认证是确保用户身份真实性和合法性的关键步骤。传统的基于用户名和密码的认证方式逐渐暴露出安全性不足的问题，因此企业或组织需要引入更加强大和多样化的认证方式，如多因素身份认证（Multi Factor Authentication，MFA）和生物特征识别认证等，以提高用户登录的安全性。多因素身份认证的流程如图 4-15 所示，生物特征识别认证的流程如图 4-16 所示。

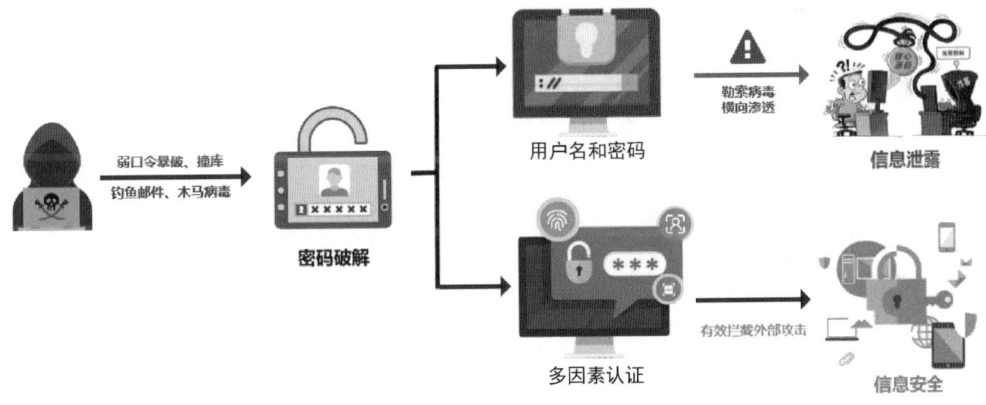

图 4-15 多因素身份认证的原理

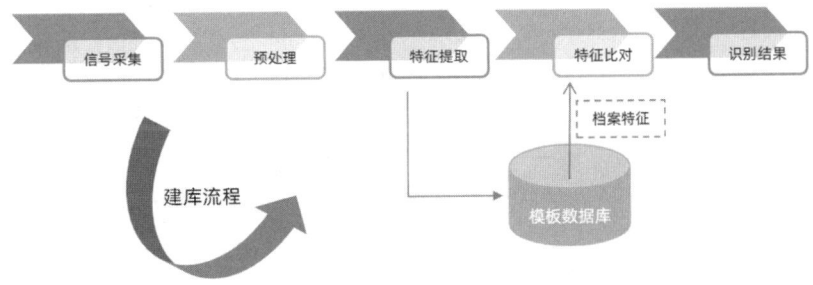

图 4-16 生物特征识别认证的流程

1. 身份认证技术概述

（1）身份认证技术的选择。在选择身份认证技术时，需要考虑以下几个因素：

- 技术成熟度：评估各种身份认证技术的成熟度，了解不同身份认证技术的实际应用效果，优先选择经过实践检验且成熟的身份认证技术。
- 安全性：分析各种身份认证技术的安全性，如密码算法、加密方式、抗攻击能力等，优先选择安全性高的身份认证技术。
- 易用性：考虑各种身份认证技术的易用性，如用户操作便捷性、用户体验等，有限选择既安全又易用的身份认证技术。
- 兼容性：评估各种身份认证技术与系统的兼容性，确保所选技术能够与系统顺利集成。
- 成本效益：综合考虑各种身份认证技术的成本和效益，优先选择性价比高的身份认证技术；同时，还需要考虑身份认证技术的发展趋势，确保所选的身份认证技术具有较好的发展前景。

（2）身份认证技术的应用场景与适用性分析。不同的身份认证技术适用于不同的应用场景和需求，在应用场景与适用性分析中，应考虑以下几个方面：

- 应用场景识别：明确各种应用场景的特点和需求，如对安全级别、用户规模、操作频次等方面的要求。
- 适用性分析：根据应用场景的需求，分析各种身份认证技术的适用性，确保能够满足场景的安全性和功能性要求。
- 案例研究：收集和整理相关的案例研究资料，了解其他企业或组织在不同场景下应用身份认证技术的经验和教训，为企业或组织选择身份认证技术提供参考和借鉴。
- 边界条件考虑：考虑边界条件对身份认证技术选择的影响，如法律法规、行业标准等，确保所选的身份认证技术符合相关法规和标准的要求。
- 灵活性考虑：在选择身份认证技术时，应考虑其灵活性，以便在未来需求变化时能方便地进行调整和升级。

（3）身份认证技术的最佳实践。为了更好地应用和实施身份认证技术，需要了解和借鉴身份认证技术的最佳实践。在身份认证技术的最佳实践中，应关注以下几个方面：

- 最佳实践总结：收集和整理关于身份认证技术的最佳实践资料，包括成功案例、实施经验、优化措施等；通过分析和总结最佳实践，为企业或组织应用身份认证技术提供指导和参考。
- 经验教训分享：了解其他企业或组织在应用身份认证技术过程中遇到的问题和挑战，总结其经验教训；通过分享经验和教训，可避免重蹈覆辙，提高企业或组织应用身份认证技术的效果和效率。
- 专家咨询与交流：通过与专家互动，可拓宽视野和知识面，提升企业或组织在身份认证技术方面的专业能力和水平。
- 实践反馈与持续改进：在实际应用身份认证技术的过程中，需要关注用户反馈和实践效果；根据反馈和效果评估结果，持续改进和优化身份认证技术，提高其可靠性和有效性。

2. 多因素认证的整合与实践

（1）多因素认证的整合方案与实施步骤。在多因素认证的整合方案与实施步骤中，应考虑以下几个方面：
- 需求分析：明确企业或组织对多因素认证的需求和目标，确定所需验证的因素和安全级别。
- 技术选型：根据需求分析结果，以及多因素认证技术的优缺点，选择最适合企业或组织需求的方案。
- 整合方案设计：设计多因素认证的整合方案，包括验证流程、集成方式、数据传输安全等，确保多因素认证的整合方案能够满足企业或组织的实际需求和安全性要求。
- 实施步骤规划：规划多因素认证的实施步骤，包括系统部署、配置、测试等，确保实施的顺利进行。
- 培训与推广：对相关人员进行多因素认证的培训和推广，使其了解和掌握多因素认证的使用方法和注意事项，提高用户对多因素认证的接受度和使用积极性。

（2）多因素认证的优缺点分析。多因素认证具有多种优势，但也存在一些潜在的缺点。在多因素认证的优缺点分析中，应考虑以下几个方面：
- 优点分析：多因素认证能够提供更高级别的安全性，可降低被非法用户访问的风险；通过整合多种验证因素，可提高身份认证的准确性和可靠性；此外，多因素认证还可以增强企业或组织的安全防御能力，保护关键资产和数据不受未经授权的访问和泄露。
- 缺点分析：多因素认证可能会给用户带来一些不便，如需要携带额外的验证设备或记忆额外的密码；同时，多因素认证可能会增加系统的复杂性和成本，需要更多的维护和管理资源；此外，如果用户丢失了用于多因素认证的设备或忘记密码，则会导致无法正常登录系统。
- 平衡考虑：在实施多因素认证时，需要综合考虑其优缺点，并平衡安全性和用户体验。例如，提供多种认证方式供用户选择，以满足用户的需求和偏好；同时，还需要通过培训和教育提高用户对多因素认证的认识和重视程度。

（3）多因素认证的最佳实践。在多因素认证的最佳实践中，应关注以下几个方面：
- 最佳实践总结：收集和整理关于多因素认证的最佳实践资料，如成功案例、实施经验、优化措施等，通过分析和总结最佳实践，为企业或组织应用多因素认证提供指导和参考。
- 案例研究：研究和分析其他企业或组织在应用多因素认证方面的成功案例和经验教训，了解多因素认证在不同场景下的应用效果和实践经验。
- 实践经验分享：与其他企业或组织进行交流，分享实践经验，了解其他企业或组织在多因素认证实施过程中的挑战和应对策略；通过分享经验和教训，可避免重蹈覆辙，提高企业或组织应用多因素认证的效果和效率。

3. 单点登录与会话管理的优化

（1）单点登录的应用。单点登录是一种便捷的身份认证技术，用户只需要在多个应用之间进行一次身份认证即可访问所有授权的应用。在单点登录的应用中，应关注以下几个方面：
- 基本原理：了解单点登录的基本原理，如定义、目的和作用，理解单点登录是如何通过集中身份认证来简化用户登录过程的。
- 技术细节：深入研究单点登录涉及的关键技术，如 SAML、OAuth、OpenID Connect 等，了解不同技术的优缺点和应用场景。

- 实施步骤：掌握单点登录的实施步骤，如选择合适的协议和技术、配置认证服务器、应用集成等，了解如何确保实施过程中的安全性。
- 性能与安全考量：了解单点登录的性能影响和安全考量，评估单点登录对系统性能和安全性的影响，并采取相应的优化措施。

（2）会话管理的策略与实践。会话管理是确保用户在单点登录后能够安全、高效地访问应用的关键因素。在会话管理策略与实践中，应关注以下几个方面：

- 策略制定：根据企业或组织的实际需求和安全标准，制定合适的会话管理策略，如确定会话的超时时间、会话的刷新机制、会话的注销和失效等关键参数。
- 会话保持：了解如何保持用户的会话状态，如使用 Cookie、JWT 等技术，理解如何确保会话数据的安全传输和存储。
- 跨应用会话管理：掌握如何在多个应用之间管理和同步用户的会话状态，了解跨应用会话管理的挑战和解决方案。
- 实践经验：通过实际应用和案例分析，总结会话管理的最佳实践，了解如何在实际环境中有效实施和管理会话。

（3）单点登录与会话管理的风险评估与防范措施。单点登录与会话管理可能带来一些风险，需要进行风险评估和采取防范措施。在单点登录与会话管理的风险评估与防范措施中，应关注以下几个方面：

- 身份冒用风险：由于采用单点登录机制，用户在一个地方泄露密码可能导致其他应用受到威胁，因此需要评估身份冒用的风险，并采取强密码策略、多因素认证等措施来降低风险。
- 会话劫持攻击：未加密的会话数据传输可能导致会话劫持攻击，应采取 SSL/TLS 加密等技术来保护会话数据的安全传输。
- 数据泄露风险：不正确的会话管理和数据存储可能导致敏感数据泄露，应采取访问控制、数据加密等措施来保护敏感数据的存储和传输安全。
- 防范措施制定：根据风险评估结果，制定相应的防范措施，包括但不限于加强用户教育、定期更新密码、使用安全的传输协议等；同时，还要持续监测和审查系统的安全性，以便及时发现和处理潜在的威胁。

4. 身份认证系统的持续改进与安全审计

（1）身份认证系统的持续改进。随着威胁的不断演变，身份认证技术也在不断演进。为了确保身份认证系统的安全性和有效性，需要对身份认证技术进行持续跟踪、改进和研究。在身份认证系统的持续改进中，应关注以下几个方面：

- 技术发展趋势：了解身份认证技术的最新发展趋势和前沿动态，关注新技术和创新实践，评估新技术对企业或组织身份认证系统的影响和潜在应用价值。
- 最佳实践总结：收集和整理关于身份认证系统的最佳实践资料，如成功案例、实施经验、优化措施等，为企业或组织持续改进身份认证系统提供指导和参考。
- 技术研究与评估：对身份认证技术进行深入研究，评估其性能、安全性、易用性等方面的优缺点，基于评估结果确定是否引入新技术来优化现有的身份认证系统。
- 社区参与：参与相关的技术社区和论坛，与其他安全专业人士进行交流和分享，了解最新的威胁和应对策略。

（2）身份认证系统的安全审计。安全审计是确保身份认证系统安全性的重要手段，通过对日志的分析，可以发现潜在的安全问题和管理安全漏洞。在身份认证系统的安全审计中，应关注以下几个方面：

- 审计策略制定：根据企业或组织的实际需求和安全标准，制定合适的身份认证系统审计策略，明确审计的范围、频率、方法和目标，确保审计工作的有效性和针对性。
- 日志采集与存储：确保身份认证系统的日志得到完整、准确采集，并采取适当的存储措施，以便后续的分析和处理。
- 日志分析方法：掌握有效的日志分析方法和技术，包括使用专业的日志分析工具、编写自定义脚本等，通过日志分析发现异常行为、潜在威胁和安全漏洞。
- 审计结果处理：根据审计结果采取相应的处理措施，调查和处理违规行为，评估安全漏洞的风险并制定防范措施。
- 持续监测与改进：建立持续监测机制，定期或实时监测身份认证系统的日志数据，不断发现新的安全问题，并采取相应的改进措施，确保身份认证系统的安全性。

（3）身份认证系统的安全漏洞评估与修复措施。安全漏洞的评估是识别、分析和修复身份认证系统中的安全漏洞的重要过程。在身份认证系统的安全漏洞评估与修复措施中，应关注以下几个方面：

- 安全漏洞扫描工具：使用适当的安全漏洞扫描工具对身份认证系统进行全面的扫描，检测系统中的安全漏洞和弱点，并提供详细的分析报告。
- 安全漏洞优先级评估：基于安全漏洞的严重程度和影响范围，对安全漏洞进行优先级评估，确定哪些安全漏洞需要优先处理，以便及时采取修复措施降低风险。
- 修复措施制定：针对发现的安全漏洞，制定具体的修复措施和方案，包括修复安全漏洞、加固系统配置、更新软件版本等，确保修复措施的有效性和安全性。
- 测试与验证：在实施修复措施前进行充分的测试和验证，确保修复不会引入新的安全问题或影响系统的正常运行，通过测试来确认安全漏洞已被正确修复。
- 文档记录与监测机制：对修复过程进行详细的记录，包括安全漏洞描述、影响范围、修复措施等；建立监测机制，持续监测身份认证系统的安全性，以便及时发现和处理新的安全漏洞和威胁。

4.3.2.2.3 增强数据保护

数据是信息系统中最重要的资产之一，因此必须采取有效措施来保护其机密性、完整性和可用性。企业或组织可以采用数据分类和加密技术对敏感数据进行加密保护，确保数据在传输和存储过程中不被非法访问。

1. 数据加密技术与实施

（1）数据加密技术的选择。数据加密是保护敏感数据不被未经授权的用户获取和篡改的一种重要手段。在选择数据加密技术时，应关注以下几个方面：

- 基本原理：了解数据加密的基本原理（包括加密过程、解密过程、密码学的基本原理等），理解对称加密、非对称加密和混合加密等不同加密方法的原理和应用场景。
- 技术分类：掌握常见的数据加密技术分类，如对称加密算法（如 AES、DES），非对称加密算法（如 RSA、ECC），哈希算法（如 SHA-256、MD5）等，了解不同加密算法的特点和适用场景。
- 加密标准与协议：了解常见的加密标准和协议（如 SSL/TLS、IPSec、PGP 等），理解它们在数据传输和存储中的应用和安全性。

（2）数据加密的实施步骤与注意事项。在实施数据加密时，需要遵循一定的步骤和注意事项，以确保加密的有效性和安全性。在数据加密的实施步骤与注意事项中，应关注以下几个方面：
- 需求分析：明确企业或组织对数据加密的需求，确定需要加密的数据类型、敏感程度和存储方式；评估现有系统和应用程序对数据加密的支持程度。
- 选择合适的数据加密算法和参数：根据需求分析结果，选择合适的数据加密算法和参数，确保所选的数据加密算法具有足够的强度和安全性，并根据需要制定适当的密钥管理策略。
- 实施加密方案：根据选择的数据参数算法和参数，设计并实施数据加密方案。例如，在数据传输和存储过程中进行数据的加/解密操作，以及在需要时提供密钥管理服务。
- 测试与验证：在实施加密方案后进行充分的测试和验证，确保加密数据的完整性和机密性，以及加密过程对系统性能的影响在可接受的范围内，同时还要关注加密过程中可能出现的兼容性问题并进行相应的整改。
- 监测与更新：建立数据加密的监测机制，定期检查加密系统的安全性和有效性，及时发现并解决潜在的安全问题，并根据威胁的演变和加密技术的发展，对加密方案进行更新和升级。
- 合规性与法律要求：了解并遵守相关的法律、法规和标准，如 GDPR、HIPAA 等，确保数据加密的实施满足合规性要求；关注国内外有关数据安全的最新动态，以便及时调整和完善加密方案。

（3）数据加密的最佳实践。为了更好地应用和实施数据加密，需要了解和借鉴数据加密的最佳实践。在数据加密的最佳实践中，应关注以下几个方面：
- 最佳实践总结：收集和整理关于数据加密的最佳实践资料，如成功案例、实施经验、优化措施等，为企业或组织应用数据加密提供指导和参考。
- 案例研究：研究和分析其他企业或组织在应用数据加密方面的成功案例和经验教训，了解数据加密在不同场景下的应用效果和实践经验。
- 实践经验分享：与其他企业或组织进行交流和分享实践经验，了解其他企业或组织在数据加密实施过程中的挑战和应对策略，避免重蹈覆辙，提高企业或组织应用数据加密的效果和效率。

2. 数据备份与数据恢复策略

（1）数据备份的重要性与必要性。数据备份是确保企业或组织在数据丢失或损坏时能够恢复数据的重要措施。关于数据备份的重要性与必要性，应关注以下几个方面：
- 数据价值：了解企业或组织数据的价值，如业务运营、客户信息、知识产权等，认识到数据备份对于保护这些重要资产的重要性。
- 业务连续性：理解数据备份对企业或组织业务连续性的贡献，即使发生灾难或意外事件，企业或组织也通过数据备份来迅速恢复运营并保持服务水平。
- 法规与合规性：遵守相关的法律、法规和标准（如 GDPR、HIPAA 等），确保数据的合法存储和备份；了解数据备份在满足合规性要求方面的必要性。

- 历史数据与长期保存：认识到数据备份不仅是为了应对突发事件，还是长期保存历史数据的重要手段；通过定期备份，企业或组织能够保留历史数据，用于分析、审计和决策支持。

（2）数据备份与数据恢复的策略制定与实施。制定并实施有效的数据备份与数据恢复策略是确保企业或组织数据安全的关键步骤。在数据备份与数据恢复的策略制定与实施中，应关注以下几个方面：
- 明确策略目标：确定数据备份与数据恢复策略的目标，如最小化数据丢失、快速恢复数据、降低成本等，确保策略目标与企业或组织的需求和期望相一致。
- 选择备份类型：了解不同备份类型（如完整备份、增量备份、差异备份等）的优缺点，根据策略目标和企业或组织的实际情况，选择合适的备份类型。
- 备份介质与存储：选择可靠的备份介质和存储解决方案，确保备份数据的可读性和可恢复性，同时还要关注备份数据的加密和安全存储，防止未经授权的访问和篡改。
- 备份频率与周期：确定合适的备份频率和周期，平衡数据恢复时间和数据丢失风险，根据企业或组织的业务需求和数据的重要程度，制订相应的数据备份计划。
- 制订数据恢复计划：制订详细的数据恢复计划，明确恢复流程、责任人和恢复步骤，确保所制订的计划具有足够的灵活性，以便应对不同场景下的数据恢复需求。
- 测试与验证：定期进行数据备份和数据恢复的测试与验证，确保备份数据的完整性和可恢复性，及时发现并解决潜在问题，提高数据备份与数据恢复的可靠性。
- 开展相关培训：对相关人员进行数据备份与数据恢复的培训，提高他们的意识和技能水平，确保他们能够正确执行数据备份和数据恢复的操作，并应对可能出现的意外情况。

（3）数据备份与数据恢复的最佳实践。通过实践案例分析，可以深入了解数据备份与数据恢复策略在不同场景下的应用和效果。在数据备份与数据恢复的最佳实践中，应关注以下几个方面：
- 案例收集：收集和分析相关的数据备份与数据恢复最佳实践资料，如成功案例和失败案例，了解不同企业或组织在不同场景下制定和实施数据备份与恢复策略的经验教训。
- 案例分析：对数据备份与数据恢复的最佳实践进行深入分析，探讨成功案例中的关键因素和最佳实践，以及失败案例中的教训和不足之处；通过对比分析，总结适用于企业或组织的数据备份与数据恢复策略的关键要素和实践经验。
- 借鉴与应用：根据案例分析结果，借鉴其他企业或组织的成功经验和实践做法，调整和完善企业或组织的数据备份与数据恢复策略；同时将所学的知识和经验应用于实际操作中，提高企业或组织的数据安全性和业务连续性。

3. 数据安全审计与监测

（1）数据安全审计的目标与流程。数据安全审计是确保企业或组织数据安全性的重要手段，可通过对数据的访问、使用和操作进行监测和审查来发现潜在的风险和违规行为。在数据安全审计的目标与流程中，应关注以下几个方面：
- 明确审计目标：明确数据安全审计的目标，如识别和评估数据泄露风险、检查合规性、提高安全性等，确保审计目标与企业或组织的业务需求和安全战略相一致。

- 确定审计范围：根据审计目标确定审计的范围和对象，如数据类型、存储位置、访问权限等，确定需要审查的数据资产和相关操作。
- 制定审计流程：制定详细的审计流程，包括数据收集、预处理、分析、报告和跟进等，确保审计过程既科学又系统，以提高审计结果的准确性和可靠性。
- 选择审计方法：根据企业或组织的实际情况和审计目标选择适当的审计方法，如基于规则的审计、基于风险的审计、持续审计等。
- 人员与职责分工：明确参与审计的人员及其职责分工，确保审计工作的顺利进行；同时，还要确保审计团队具备足够的技能和经验，以便有效地执行审计任务。
- 合规性检查：在进行数据安全审计时，要关注合规性检查，确保企业或组织的数据处理活动符合相关法律法规和标准规范的要求。
- 持续改进与优化：根据审计结果和发现的问题，持续改进和优化数据安全审计的流程和方法，提高审计效果和效率。

（2）数据安全监测的关键技术与方法。通过数据安全监测，能够及时发现异常行为和潜在的威胁。在数据安全监测的关键技术与方法中，应关注以下几个方面：

- 入侵检测与防御：利用入侵检测系统（IDS）与入侵防御系统（IPS）等，实时监测网络流量和系统行为，发现并阻止恶意攻击和入侵行为。
- 日志分析与管理：收集和分析各种日志文件，如系统日志、应用程序日志、安全日志等，以发现异常行为、违规操作和潜在的风险。
- 网络流量分析：对网络流量进行实时监测和分析，识别异常流量模式和潜在的网络攻击行为，如拒绝服务（DoS）攻击、恶意软件传播等。
- 行为分析：基于数据的使用模式和用户行为进行分析，识别异常操作和潜在的风险，如异常登录尝试、访问控制违规等。
- 数据泄露检测：利用数据泄露检测工具和技术实时监测敏感数据的访问和使用情况，及时发现潜在的数据泄露事件。
- 风险评估与预警：定期或实时进行数据资产的风险评估，基于评估结果进行预警和告警，以便及时采取相应的应对措施。
- 关键技术集成与整合：对上述关键技术进行集成和整合，构建一个完整的数据安全监测体系，提高监测的效率和效果；同时，要关注数据安全监测技术的更新和发展，及时引入新的监测技术和方法。

（3）数据安全审计与监测的最佳实践。通过了解和实施数据安全审计与监测的最佳实践，可以进一步提高数据安全审计与监测的效果和效率。在数据安全审计与监测的最佳实践中，应关注以下几个方面：

- 最佳实践总结：收集和总结关于数据安全审计与监测的最佳实践资料，包括成功的案例、实践经验和教训总结等，为企业或组织的数据安全审计与监测提供指导和参考。
- 经验分享：与其他企业或组织进行交流和分享经验，了解其他企业或组织在数据安全审计与监测方面的挑战、应对策略和实践经验，可避免重蹈覆辙，提高企业或组织的数据安全水平。
- 持续学习与改进：关注数据安全领域的最新动态和技术发展，持续学习和掌握新的知识和技能；同时，还要根据企业或组织的实际情况和实践经验，不断改进和完善数据安全审计与监测的策略和方法。

4. 增强数据保护的挑战与未来发展

（1）新技术与增强数据保护的融合创新。随着技术的快速发展，不断有新的技术和方法应用于数据保护领域，为增强数据保护提供了更多的可能性。在新技术与增强数据保护的融合创新中，应关注以下几个方面：

- 人工智能：利用人工智能可自动识别和预测潜在的威胁，提高数据保护的智能化水平，如利用机器学习进行异常检测、威胁狩猎等。
- 区块链：区块链的去中心化特性为数据保护提供了新的思路，如利用区块链实现数据的不可篡改性和可追溯性，提高数据的可信度和安全性。
- 零信任安全模型：零信任安全模型强调永不信任、始终验证，通过建立基于身份的访问控制和安全策略，可实现对数据的细粒度保护。
- 量子计算的影响：随着量子计算技术的发展，需要研究和探索量子计算对数据保护的影响和挑战，并开发相应的防御措施和技术。
- 隐私保护技术：关注隐私保护技术的最新进展，如差分隐私、同态加密等，在提高数据保护的同时满足隐私需求。
- 技术融合创新：鼓励跨领域的合作与创新，将新技术与其他安全技术进行融合，形成更为完善的数据保护解决方案。

（2）增强数据保护面临的挑战及其解决方案。尽管有新技术的支持，但在增强数据保护方面仍面临诸多挑战，例如：

- 合规性挑战：满足不同国家和地区的法律法规要求，确保数据保护的合规性是一个重要挑战，需要深入研究不同法规标准的要求，并制定相应的合规策略。
- 威胁持续演变：随着威胁的不断演变，需要持续监测和应对新的威胁，这要求建立有效的威胁情报体系和安全预警机制，以便及时发现和应对威胁。
- 技能和人才短缺：具备足够的数据保护技能和经验的人才短缺是一个现实问题，需要加强培训和教育，提高相关人员的技能水平。
- 平衡安全与隐私：在增强数据保护的同时，需要平衡数据的安全性和用户的隐私需求，这要求研究和应用隐私保护技术，确保在保护数据安全的同时尊重用户的隐私。
- 跨部门跨领域合作：数据保护往往涉及多个部门和多个领域，需要加强跨部门跨领域的合作与协调，这要求建立有效的沟通机制和合作框架，共同应对数据保护的挑战。
- 应对新技术带来的挑战：随着新技术的发展和应用，如物联网、云计算、大数据等，数据保护面临新的挑战和要求，这要求深入研究新技术带来的风险和挑战，并制定相应的策略。

（3）增强数据保护的发展趋势。了解增强数据保护的发展趋势对于制定未来的发展策略和方向至关重要。增强数据保护的发展趋势如下：

- 持续演进的数据安全框架：随着技术的不断发展和威胁的不断演变，数据安全框架需要持续演进，这需要关注新的威胁和风险，并及时更新和调整安全框架。
- 端到端的数据保护：数据在从产生、存储、传输到销毁的整个生命周期内，都必须得到充分的保护，这需要建立端到端的数据保护体系，确保数据的完整性和安全性。
- 智能化和自动化：人工智能等技术的发展将进一步提高数据保护的智能化和自动化水平，通过智能化和自动化的技术手段，可实现对数据的实时监测、预警和自动响应。

- 隐私保护技术的广泛应用：随着人们对隐私保护的关注度不断提高，隐私保护技术将得到更广泛的应用，未来将进一步研究和推广隐私保护技术，以平衡数据的安全性和用户的隐私保护。
- 零信任安全模型的普及：零信任安全模型强调永不信任、始终验证的原则，将逐渐成为主流的网络安全模型，未来将进一步研究和实施零信任安全模型，以提高网络的安全性和可靠性。

4.3.2.4 加强安全监测与响应

安全监测与响应是快速检测和响应安全事件的关键。通过引入先进的安全事件检测系统和威胁情报平台，企业或组织可以实时监测网络流量和日志，发现和应对异常行为和安全事件。建立应急响应机制，能够及时处置和调查安全事件，降低损失。

1. 安全监测系统的设计与实施

（1）安全监测系统的需求分析与设计。安全监测系统的设计与实施首先需要明确系统的需求，应关注以下几个方面：

- 明确目标：确定安全监测系统的目标和用途（如提高安全性、减少违规行为、优化资源配置等），可指导整个安全监测系统的设计和实施。
- 需求调研：深入了解企业或组织的业务需求、风险和现有监测手段的不足，通过与相关部门和人员的沟通，收集关于安全监测的实际需求和期望。
- 功能定义：基于需求调研，定义安全监测系统所需的功能，如实时监测、日志分析、报警通知等，确保安全监测系统能够满足企业或组织的实际需求。
- 架构设计：设计安全监测系统的整体架构，包括软硬件组成、模块间的关系、数据等，确保安全监测系统具有良好的扩展性和可维护性。
- 合规性考虑：确保安全监测系统的设计和实施符合相关法律法规和标准的要求，如 GDPR、ISO 27001 等。合规性是评估安全监测系统的重要因素。
- 技术选型：根据需求和设计，选择合适的技术和工具来实现安全监测系统，如网络监测工具、数据分析软件等。
- 测试与验证：在安全监测系统实施前需要进行充分的测试和验证，确保安全监测系统能够正常运行并满足设计要求。对测试结果进行记录和分析，有助于优化和完善安全监测系统的设计。

（2）安全监测系统的部署与实施。在完成安全监测系统的设计后，接下来需要部署和实施安全监测系统。在部署与实施安全监测系统时，应关注以下几个方面：

- 环境准备：根据安全监测系统的架构设计，准备相应的软硬件环境，如服务器、网络设备、传感器等，确保软硬件环境符合技术要求和安全标准。
- 数据收集：配置数据收集模块，确保能够实时或近乎实时地收集关键的数据，如网络流量、系统日志、用户行为等。数据收集是安全监测系统的基础。
- 数据处理与分析：对收集到的数据进行处理和分析，提取有价值的信息。利用适当的工具和技术对数据进行清洗、分类、关联分析等操作，可发现潜在的风险和违规行为。
- 报警与通知：设置适当的报警阈值和规则，当发现异常或违规行为时，及时发出报警与通知。报警与通知可以通过邮件、短信、电话等多种方式发送给相关人员，以便相关人员及时响应和处理异常或违规行为。
- 可视化与报表：提供可视化界面和报表功能，方便用户查看安全监测结果、分析数据。通过图表、仪表盘等形式展示关键指标和趋势，有助于用户更好地理解安全状况和做出决策。
- 持续优化与改进：在安全监测系统的部署和实施过程中，根据实际情况持续优化和改进安全监测系统的性能和功能。通过收集用户反馈和使用数据，不断调整和改进安全监测系统配置和参数，可提高安全监测系统的准确性和有效性。
- 文档编写与维护：整理和编写安全监测系统的相关文档，包括系统架构图、部署指南、操作手册等，确保用户和管理员能够正确使用和维护安全监测系统。

（3）安全监测系统的最佳实践。安全监测系统的最佳实践如下：
- 全面性考虑：在设计和实施安全监测系统时，应从企业或组织的整体安全策略出发，全面考虑各种安全需求和风险，确保安全监测系统能够覆盖企业或组织所需监测的范围，不留盲区。
- 实时性与准确性：实时性和准确性是安全监测系统的关键要求，确保数据能够被及时收集和处理，并尽可能准确地识别异常和威胁。对于关键的监测指标，要设定合理的阈值和规则，以便及时报警和处理。
- 可扩展性与灵活性：在安全监测系统的设计阶段应充分考虑可扩展性和灵活性，以适应未来可能的变化和需求。选择模块化设计和标准化接口，有助于安全监测系统的升级和维护。保持安全监测系统架构的开放性和兼容性，有助于集成其他安全工具和服务。
- 用户培训与支持：为用户提供适当的培训和支持，确保他们能够正确使用和维护安全监测系统。

2. 实时安全监测与预警

（1）实时安全监测的关键技术与方法。实时安全监测是保障企业或组织信息安全的重要手段，在实时安全监测的关键技术与方法中，应关注以下几个方面：
- 数据采集技术：利用数据采集技术，可实时采集网络流量、系统日志、用户行为等关键数据。数据采集技术应具备高效、准确和实时的特点，确保所采集到的数据的完整性和实时性。
- 实时分析技术：对采集到的数据进行实时分析，以便识别异常和威胁。利用人工智能对数据进行分类、关联分析和模式识别，可及时发现潜在的威胁。
- 可视化技术：利用可视化技术将监测结果以图表、仪表板等形式展示给用户，提供直观、易用的界面，帮助用户快速了解安全状况。
- 分布式监测技术：采用分布式监测技术监测多个节点，以提高安全监测系统的可扩展性和可靠性。分布式监测技术应支持节点间的数据同步和协同工作，确保监测的全面性和实时性。
- 数据存储与处理技术：选择合适的数据存储与处理技术，确保监测数据的可靠存储和高效处理。采用高性能的数据存储设备和数据处理算法，可提高安全监测系统的数据处理能力和响应速度。
- 安全事件触发与过滤技术：通过设置安全事件的触发条件和过滤规则，可对异常和威胁进行自动或手动处理。触发条件和过滤规则应根据企业或组织的实际需求进行设置,以提高安全监测系统的准确性和有效性。

(2)安全预警的触发条件与响应机制。安全预警是实时安全监测的重要环节。在安全预警的触发条件与响应机制中,应关注以下几个方面:

- 定义触发条件:根据企业或组织的实际需求和风险,定义合适的安全预警触发条件。触发条件应当是可量化的具体条件,能检测潜在的风险和威胁。
- 设定阈值:为触发条件设定合理的阈值,以便在异常或威胁发生时自动触发预警。阈值的设定应基于历史数据和企业或组织的安全标准,并定期进行评估和调整。
- 设计响应机制:针对不同的预警级别和类型,设计相应的响应机制。响应机制应包括自动和手动操作,如发送报警通知、执行应急预案等,确保企业或组织能够快速、有效地应对威胁和风险。
- 协同联动:加强与其他安全组件和部门的协同联动,可共同应对威胁和风险。通过数据共享、事件通报等方式,可提高企业或组织整体的安全防范能力和响应速度。
- 持续改进:根据安全监测系统的运行情况和历史数据,可持续优化触发条件和响应机制。通过收集用户反馈和建议,可调整和完善安全监测系统的性能和功能。

(3)实时安全监测与预警的实践分析。在实时安全监测与预警的实践中,应关注以下几个方面:

- 案例分析:分析和总结实时安全监测与预警在实际应用中的成功案例,总结经验教训,为企业或组织提供参考和借鉴。
- 性能评估:对安全监测统的性能进行评估,包括准确性、实时性、可靠性等方面。通过性能评估,了解安全监测系统的优缺点,为后续优化提供依据。
- 效果评估:评估安全监测系统的实际运行效果,包括对安全事件的发现和处理能力、对企业或组织安全防范能力等,通过运行效果评估,可为改进和完善安全监测系统提供依据。

3. 安全事件响应与处置

(1)安全事件响应流程。安全事件响应是企业或组织应对威胁的关键环节。安全事件响应的流程主要包括:

- 事件检测与分类:通过安全监测系统或其他手段,及时发现安全事件并对其进行分类,分类的依据可以是事件的性质、来源、影响范围等。安全事件分类有助于用户初步了解安全事件的严重程度和处置方式。
- 初步分析:对安全事件进行初步分析,收集相关信息,包括安全事件发生的时间、地点,及其涉及系统和资产等。通过初步分析,可确定安全事件的性质和可能的攻击者。
- 紧急处置:在初步分析的基础上,采取紧急措施遏制安全事件的进一步发展。常用的紧急措施包括隔离受影响的系统、阻止恶意软件的传播、清除恶意代码等。
- 详细调查:收集完整的事件日志、网络流量等,对安全事件进行详细调查,以便深入了解安全事件的来龙去脉。通过调查,确定安全事件发生的根本原因、攻击手法和潜在的后果。
- 制定响应策略:基于调查结果,制定合适的响应策略。响应策略包括隔离受影响的系统、修补安全漏洞、加强安全措施等。另外,制订恢复计划,可确保企业或组织尽快恢复正常运营。

- 实施响应策略：按照制定的响应策略，实施相应的安全措施。这可能涉及多个部门和多个利益相关方，因此需要协调一致，确保安全事件响应的有效性。
- 总结与反馈：在安全事件处置完成后，对整个安全响应过程进行总结和反馈，评估响应的效果，并对不足之处进行改进。同时，将相关信息反馈给相关部门和利益相关方，可提高企业或组织的整体安全防范能力。

（2）安全事件处置的方法与工具。为了有效地应对安全事件，需要掌握适当的方法和工具。在安全事件处置的方法与工具中，应关注以下几个方面：

- 工具选择：根据企业或组织的需求和实际情况，选择适合的安全事件处置工具。这些工具可能包括入侵检测系统、入侵防御系统、日志分析工具、网络流量分析工具等。在选择安全事件处置工具时应注意工具的可靠性、功能和性能。
- 知识储备：建立安全事件处置知识库，包括常见攻击手法、恶意软件样本、安全漏洞利用案例等。应当对安全事件处置知识库进行定期更新和维护，以便为安全事件的处置提供参考和指导。
- 应急预案：制定针对不同安全事件的应急预案，应急预案应详细列出每一步的处置步骤和操作方法，以便在发生安全事件时能够快速响应安全事件。同时，企业或组织定期进行安全事件应急演练，可提高工作人员的安全事件应急处置能力。
- 专家支持：在复杂或高级的安全事件中，可能需要专家的支持。与外部安全专家建立联系渠道，可在必要时寻求专业的建议和协助。
- 合作与共享：与其他企业或组织或机构建立合作关系，共享安全事件信息和最佳实践。通过合作与共享，可以更好地应对面临的威胁和挑战。

4. 安全监测与响应的未来发展

（1）新技术和安全监测与响应的融合创新。随着科技的快速发展，新技术不断涌现，为安全监测与响应带来了新的机遇和挑战。在新技术和安全监测与响应的融合创新中，应关注以下几个方面：

- 人工智能：利用人工智能可自动对安全数据进行分析、对威胁进行检测和预警。通过对人工智能算法不断进行训练和优化，可提高安全监测与响应的准确性和效率。
- 大数据分析：利用大数据技术可对海量的安全数据进行高效的处理和分析，通过数据挖掘和关联分析可发现潜在的威胁和异常行为。同时，大数据技术还可以为安全监测与响应提供更加全面和准确的数据支持。
- 云计算与虚拟化：利用云计算和虚拟化技术可实现安全监测与响应服务的弹性扩展和按需部署；通过云计算的资源池化能力，可提高安全监测与响应的灵活性和可扩展性。
- 物联网与工业互联网：随着物联网和工业互联网的发展，需要研究如何保护物联网设备和工业控制系统的安全，以及如何有效监测和响应来自这些设备的威胁，从而使传统的安全监测系统满足新设备和系统的需求。
- 区块链：区块链为安全监测与响应提供了新的思路和方法，通过区块链的去中心化和不可篡改等特性，可以提高安全数据的可信度和完整性。同时，区块链还可以用于记录安全事件和追溯攻击来源。

（2）安全监测与响应面临的挑战及其解决方案。在安全监测与响应面临的挑战及其解决方案中，应关注以下几个方面：

- 数据安全与隐私保护：随着数据的大量收集和处理，如何确保数据的安全和用户的隐私成为重要挑战。这需要研究如何在满足安全监测系统需求的同时，保护用户隐私和数据安全。
- 高级持续性威胁（APT）攻击：APT 攻击通常具有高度的隐蔽性和长期性，给安全监测系统带来了巨大挑战，这需要研究如何发现和应对 APT 攻击，以及如何提高企业或组织对 APT 攻击的防范能力。
- 跨学科知识与技能：安全监测系统涉及多个学科领域，如计算机、网络工程、数据分析、法律等，这需要培养具备跨学科知识和技能的团队，以便更好地应对复杂的现实问题。
- 国际合作与政策协同：随着网络威胁的跨国性日益突出，只有加强国际合作才能共同应对网络威胁，这需要研究如何协调各国政策，制定全球性的网络安全标准。
- 适应性与灵活性：随着技术的快速变化和威胁的不断演变，安全监测系统需要具备高度的适应性和灵活性，这需要研究如何快速调整和优化安全监测与响应策略，以应对不断变化的安全环境。

（3）安全监测与响应的发展趋势。随着新技术的不断发展和威胁的不断演变，安全监测与响应出现了以下发展趋势：

- 全面整合与一体化：未来的安全监测系统将更加全面，需要实现各种技术和工具的一体化运作，这有助于提高效率、降低复杂性和减少潜在的风险。
- 实时智能分析：利用人工智能进行实时智能分析将成为主流，安全监测系统能够自动检测、分析威胁并采取相应的行动，无须人工干预。
- 云端化与服务化：随着云计算的发展，安全监测系统将逐渐迁移到云端，这有助于提高服务的可用性和可扩展性，降低运营成本。
- 数据驱动的安全决策：数据分析将在安全监测系统中发挥越来越重要的作用，基于数据驱动的安全决策将更加普遍，从而提高安全策略的有效性和针对性。
- 跨学科知识与技能的综合运用：未来的安全监测系统将更加注重跨学科知识和技能的运用，包括计算机科学、网络工程、数据分析、法律等多个领域的知识和技能。
- 国际合作与协同应对：随着网络威胁的跨国性日益突出，国际合作将成为应对网络威胁的重要方式，各国将加强信息共享、技术交流和联合行动等方面的合作，共同应对网络威胁。

4.3.2.5　加强信息安全培训

通常，员工是信息系统安全的薄弱环节之一，因此加强员工的信息安全是确保安全架构有效的重要途径。企业或组织可以定期开展信息安全培训和模拟演练，提高员工对威胁的认识和防范意识，增强他们在日常工作中的信息安全意识。

1. 培训需求分析与培训计划制订

（1）确定培训目标与受众。在进行培训需求分析时，首先需要明确培训的目标和受众。这有助于确保培训内容与受众的需求相匹配，提高培训的有效性和满意度。在确定培训目标与受众时，应关注以下几个方面：

- 培训目标：明确培训要达到的目标和效果，如提高员工信息安全意识、增强员工安全技能、满足法规要求等。

- 受众分析：对参与培训的员工进行分类和分析，了解他们的背景、需求、知识水平等，这有助于确定合适的培训内容、方式和深度。
- 需求调研：通过问卷调查、访谈、观察等方式，收集受众对培训的需求和建议，这有助于发现受众的痛点和期望，为培训内容的设计提供依据。

（2）培训内容的设计与选择。在明确培训目标和受众后，需要设计和选择合适的培训内容。在设计与选择培训内容时，应关注以下几个方面：

- 内容匹配：确保培训内容与培训目标相匹配，满足受众的需求和期望。根据受众的知识水平、技能层次等，设计不同难易程度的培训内容。
- 信息安全知识体系构建：建立完善的信息安全知识体系，涵盖基础理论、实践操作、案例分析等方面，确保培训内容全面、系统，提高受众的整体素质和技能水平。
- 实践操作训练：重视实践操作在培训中的作用，设计真实环境下的模拟演练，提高受众的实战能力、问题解决能力和应对安全事件的能力。
- 互动与讨论：在培训中设置互动环节，鼓励受众提问、讨论和分享经验，这有助于激发受众的学习兴趣和参与度，促进知识的交流和共享。
- 持续更新与完善：根据信息安全领域的发展动态和受众反馈，持续更新和完善培训内容，保持培训内容的时效性和前瞻性，增强培训效果。

（3）培训时间的安排与资源的筹备。在制订培训计划时，需要合理安排培训时间，并筹备相应的资源。在培训时间的安排与资源的筹备中，应关注以下几个方面：

- 时间安排：根据受众的实际情况和培训需求，选择合适的培训时间，确保时间安排合理、紧凑，避免与工作或其他重要活动冲突。
- 资源筹备：根据培训内容和方式，准备相应的培训资源，包括教材、设备、场地、讲师等，确保资源的充足和质量，以满足培训需求和增强培训效果。
- 场地布置：根据培训内容和形式合理布置场地，创造良好的学习氛围和互动环境，激发受众的学习兴趣和积极性。
- 师资力量：选择具备专业知识和丰富经验的师资团队，确保传授的知识、技能的质量和效果，同时还可以根据需要邀请外部专家进行专题讲座或分享经验。
- 后勤保障：做好后勤保障工作，为受众提供舒适的学习和生活环境，提高他们的满意度和参与度。

2. 信息安全培训的实施

（1）培训方式的选择。在进行信息安全培训时，选择合适的培训方式至关重要。根据不同的培训目标和受众特点，应灵活应用多种培训方式以增强培训效果。以下是一些常用的培训方式。

- 面对面授课：适用于传授基础知识和理论，通过讲师的讲解和演示，可帮助受众掌握信息安全的基本概念和原理。
- 在线学习：利用在线平台或学习管理系统，提供视频教程、课程资料和自测题等，可方便受众随时随地学习，提高学习效率和灵活性。
- 实践操作训练：设计模拟场景和实际操作任务，让受众在实践中学习和掌握安全技能，如进行安全配置、应急响应模拟等。
- 分组讨论和案例分析：通过分组讨论或案例分析，可促进受众之间的交流和合作，通过集体智慧解决问题，加深受众对安全问题的理解和认识。

- 互动游戏或角色扮演：设计趣味性和互动性强的培训游戏或角色扮演活动，激发受众的兴趣和参与度。通过模拟真实场景，可帮助受众更好地理解和应用安全知识。

（2）培训过程中的互动与参与。在信息安全培训中，促进互动与参与是增强培训效果的关键。以下是一些促进互动与参与的方法：

- 提问和回答：鼓励受众在培训过程中提问，讲师或助教应及时回答问题，解决受众的疑惑。通过问答环节，可增强互动效果。
- 分组讨论：将受众分成小组进行讨论，让他们分享经验、交流观点和互相学习。通过分组讨论，可促进知识的交流和共享，提高受众的参与度。
- 角色扮演和模拟演练：让受众参与角色扮演和模拟演练活动，模拟如何在真实场景下应对安全事件。通过亲身体验和实践操作，可增强受众对安全问题的认识和理解。
- 奖励机制：为积极参与互动和分享的受众设置奖励，激发他们的学习热情和积极性。奖励可以是象征性的证书、小礼品或者学分等。
- 技术支持：提供技术支持和辅导服务，帮助受众解决学习过程中遇到的技术问题，确保受众能够顺利完成培训任务和提高学习效果。

（3）培训效果的评估与反馈。为了不断优化培训内容和方式，需要对培训效果进行评估和反馈。以下是一些培训效果的评估与反馈方法：

- 测试和考试：设计测试题或试卷，对受众进行测试，通过测试结果可了解受众对安全知识的掌握程度，评估培训效果。
- 问卷调查：在培训结束后发放问卷调查表，收集受众对培训内容、方式、讲师等的评价和建议。通过问卷调查获取反馈信息，可改进和完善培训方案。
- 观察与反馈：观察受众在培训过程中的表现和学习态度，了解他们的学习进展和问题所在，及时给予正面反馈和指导，帮助受众克服困难和提高学习效果。
- 跟踪与回访：在培训结束后进行跟踪与回访，了解受众在实际工作中对安全知识的应用情况。通过跟踪与回访，可发现培训中存在的问题和不足之处，为后续的培训提供改进依据。

3. 信息安全培训的持续改进

（1）培训内容的更新与优化。随着信息安全领域的发展和变化，培训内容也需要不断更新和优化。以下是一些建议：

- 及时更新：关注信息安全领域的最新动态和技术进展，及时更新培训内容，确保内容的前沿性和时效性。
- 案例更新：结合实际案例和最新安全事件，丰富和更新培训中的案例分析内容，通过案例学习，帮助受众更好地理解和应对现实中的安全问题。
- 互动反馈：鼓励受众对培训内容提出意见和建议，根据反馈信息对培训内容进行优化和调整，通过互动和参与，提高受众对培训内容的满意度和接受度。
- 实践操作训练：结合实际操作和演练，提高受众的安全技能和实践能力；通过实践操作，确保培训内容的应用性和实用性。
- 学习交流：企业或组织学习交流活动，让受众分享经验、交流观点和互相学习；通过集体智慧和经验共享，促进培训内容的丰富和完善。

（2）培训方式的创新与改进。为了提高信息安全培训的效果和吸引力，需要不断探索和创新培训方式。以下是一些建议：

- 在线学习平台：利用在线学习平台和技术，提供灵活的学习方式和个性化的学习计划。通过在线学习平台，可方便受众随时随地学习，提高学习效率和参与度。
- 互动游戏和模拟演练：设计具有趣味性和互动性的培训游戏和模拟演练活动，激发受众的兴趣和参与度。通过模拟真实场景和角色扮演，可帮助受众更好地理解和应用安全知识。
- 多媒体和可视化工具：利用多媒体和可视化工具，制作生动形象的培训课件和演示文稿。通过图文并茂、声像结合的方式，可提高受众的学习兴趣和理解能力。
- 社交媒体和学习社区：利用社交媒体和学习社区，建立学习交流和互动的平台。通过分享学习心得、讨论热点问题，可促进知识的共享和创新。
- 专家讲座和专题研讨：邀请信息安全领域的专家进行讲座或专题研讨，为受众提供更深入的学习和交流机会。通过与专家的互动和学习，可提高受众的专业水平和视野。

4. 信息安全培训面临的挑战及其解决方案

（1）信息安全培训面临的挑战。随着信息安全威胁的不断演变，信息安全培训面临着诸多挑战。以下是一些主要的挑战：

- 培训内容的时效性：信息安全技术发展迅速，培训内容需要不断更新以适应新的威胁和挑战，如何确保培训内容的时效性是一个重要的问题。
- 培训效果的评估：准确地评估信息安全培训效果是另一个挑战。如何衡量培训对受众信息安全意识的影响，以及如何评估培训内容的实用性和有效性是一大挑战。
- 培训方式的创新：随着技术的发展，需要探索和采用新的培训方式，如在线学习、虚拟现实等，如何将这些新技术与传统的培训方式有效地结合起来是一个重要的问题。
- 受众参与度：提高受众的参与度和兴趣是另一个挑战，如何设计有趣、互动的培训活动，吸引受众积极参与是一个重要的问题。
- 资源与成本的限制：信息安全培训需要投入大量的人力、物力和时间，如何在有限的资源下提供高质量的培训是一个现实的问题。

（2）新技术与信息安全培训的融合创新。随着技术的发展，许多新的技术都可以用于信息安全培训，提高信息安全培训的效果和参与度。以下是新技术与信息安全培训的融合创新建议：

- 在线学习平台：利用在线学习平台，提供灵活的学习方式和个性化的学习计划，受众可以根据自己的时间和学习需求进行学习，提高学习效率和参与度。
- 虚拟现实（VR）和增强现实（AR）：利用虚拟现实和增强现实技术，创建逼真的威胁场景，让受众亲身体验并学习如何应对威胁。这种沉浸式的培训方式可以提高受众的兴趣和参与度。
- 人工智能：利用人工智能对受众的学习行为和反馈进行智能分析，可为信息安全培训内容的优化和改进提供数据支持。同时，人工智能也可以用于提供个性化的学习指导和建议。
- 游戏化学习：将学习内容设计成有趣的游戏，通过游戏化的方式激发受众的兴趣和参与度。通过游戏，受众可以在轻松愉快的氛围中学习和掌握信息安全知识。
- 社交媒体和学习社区：利用社交媒体和学习社区，建立学习交流和互动的平台。通过分享学习心得、讨论热点问题，可促进知识的共享和创新。社交媒体也可以用于传播信息安全知识和最新动态。

（3）信息安全培训的发展趋势。随着技术的发展和信息安全威胁的不断演变，信息安全培训的发展趋势如下：

- 个性化培训：随着人工智能和大数据技术的发展，未来的信息安全培训将更加个性化，将根据受众的不同需求和背景，提供定制化的培训内容和方式，提高信息安全培训的针对性和效果。
- 持续学习与更新：未来的信息安全培训将是持续的学习和更新过程，受众将随时随地学习和更新安全知识，不断提高自己的信息安全意识和技能。
- 多元化培训方式：随着技术的发展，未来的信息安全培训将采用多元化培训方式，如结合线上线下的方式，利用虚拟现实、游戏化学习等手段，提供更加丰富和互动的学习体验。
- 社区化学习：利用社交媒体和学习社区的力量，未来的信息安全培训将更加社区化。受众可以在社区中交流心得、分享经验、协作学习。
- 跨界融合创新：未来的信息安全培训将与其他领域进行跨界融合创新，如结合心理学、教育学、社会学等领域的知识和方法，提供更加全面和深入的信息安全培训。

4.3.3 安全架构的实践

为了实现安全架构的全面优化，企业或组织需要采取一系列持续的实践措施。

（1）制定综合的安全战略。企业或组织应该制定综合的安全战略，结合业务需求和风险评估，制定明确的安全目标和策略。安全战略应该涵盖技术、流程和人员三个方面，确保安全架构的全面覆盖和协调发展。

（2）引入先进的安全技术和工具。企业或组织应该积极引入先进的安全技术和工具，包括入侵检测系统、入侵防御系统、数据加密技术和安全分析技术等，这些技术和工具可以提高系统的安全性能和威胁检测能力。

（3）建立完善的安全管理体系。建立完善的安全管理体系是安全架构优化的重要保障，企业或组织应该明确安全管理流程和责任分工，建立安全事件响应和处置机制，确保安全管理的高效运行和持续改进。

（4）定期进行安全架构评估。定期进行安全架构评估是持续优化安全架构的关键环节，企业或组织应该定期对安全架构进行评估和检查，发现潜在的风险和问题，并及时做出改进和调整。

（5）加强信息安全培训。加强信息安全培训是提高企业或组织员工信息安全意识的重要途径，企业或组织应该定期开展安全培训和教育，提高员工对威胁的认识和防范意识，减少人为因素导致的风险。

 结语

安全架构的评估与优化是企业或组织信息安全的不可或缺的环节。通过采用适当的评估方法和优化策略，企业或组织可以不断优化安全架构，提高系统的安全性和稳健性。在实践中，建议企业或组织根据自身的具体情况和安全需求，制订合适的评估和优化计划，并持续优化和更新安全架构，以适应不断变化的威胁和挑战，确保信息资产的安全性。

4.4 本章小结

在当今复杂多变的信息安全环境下,建立一个稳健可靠的安全架构对于企业或组织的持续稳健发展至关重要。本章主要介绍安全架构设计和实施的相关内容。

首先,本章介绍了安全需求分析与安全架构设计,主要内容包括安全需求分析的步骤、安全架构设计的原则、安全架构的实施。

然后,本章介绍了安全控制与防御机制,主要内容包括网络安全控制、身份认证与访问控制、数据加密与数据保护、安全事件响应与处置。

最后,本章介绍了安全架构的评估与优化,主要内容包括安全架构的评估方法、安全架构的优化策略、安全架构的实践。

在实践中,企业或组织应根据自身的具体情况和安全需求,结合本章所提供的方法和策略,制定适合自己的安全架构设计方案,以确保信息系统的安全性和可持续发展。只有不断优化和提升安全架构,才能更好地应对日益复杂的威胁和挑战,确保信息资产得到最佳的保护和安全运营。

第 5 章 网络与边界安全

本章旨在探讨网络与边界安全的重要性和关键技术，为读者提供构建可靠网络架构的指导。在当今数字化时代，网络已经成为信息传输的主要途径，但同时也面临着日益复杂和多样化的威胁。本章主要介绍网络与边界安全，包括网络架构的设计原则、边界防御与入侵检测、网络流量分析与威胁情报等内容。

网络与边界安全是数字安全体系中至关重要的一环。通过建立稳固的网络架构和采用合适的边界防御与入侵检测措施，企业或组织可以有效地防御各类威胁。

5.1 网络架构的设计原则

引言

随着信息技术的飞速发展和互联网的普及应用，网络安全问题日益凸显。恶意攻击、数据泄露、网络入侵等安全事件频发，给个人、企业或组织乃至国家安全带来了严重威胁。因此，建立稳固的网络架构，成为信息社会中企业或组织的不可或缺的重要任务。

本节重点讨论网络架构的原则，包括综合性原则、分层原则、灵活性原则等内容。本节可为读者提供构建可靠网络架构的指导，以有效应对日益复杂和多样化的网络威胁。

5.1.1 综合性原则

综合性原则要求在设计网络架构时，必须考虑企业或组织的整体业务需求和风险。不同的业务场景和业务需求对安全性的要求是不同的，因此需要制定相应的差异化安全策略。同时，要从系统的全生命周期（包括网络架构的设计、实施、运维和维护等阶段）角度考虑安全策略，确保安全策略的持续有效。

5.1.2 分层原则

分层原则是网络架构中的重要设计原则。网络可分为网络层、系统层、应用层等多个层次，每个网络层次都要实施相应的安全控制和防御策略。通过分层原则，不仅可以将安全策略细化到不同的网络层次，还可以实现安全控制的协调与互动，从而提高网络的整体安全性。

1. 网络层次划分

(1) 识别并定义不同的网络层次。网络层次划分是网络架构设计的重要基础,通过识别并定义不同的网络层次,可以更好地理解网络结构和安全需求,并针对不同的网络层次进行相应的安全设计和部署。常见的网络层次包括物理层、数据链路层、网络层、传输层和应用层等,这些网络层次对应着不同的设备和协议,具有各自的安全需求和特点。

(2) 不同网络层次的安全需求和特点。

- 物理层的安全需求和特点:物理层的安全需求主要涉及网络设备和设施的安全,包括保护设备免受物理攻击和自然灾害的影响,确保设备的正常运行和数据的完整性;其特点是包括对物理环境的安全监测、访问控制和设备冗余等。
- 数据链路层的安全需求和特点:数据链路层的安全需求主要涉及数据传输的链路安全,主要包括保护数据链路免受窃听和干扰,确保数据的机密性和完整性;其特点是包括加密传输、访问控制和流量控制等。
- 网络层的安全需求和特点:网络层的安全需求主要涉及网络路由和交换的安全,包括保护网络免受恶意攻击和流量分析,确保网络的可用性和可追溯性;其特点是包括防火墙部署、入侵检测和网络安全监测等。
- 传输层的安全需求和特点:传输层的安全需求主要涉及端到端的数据传输安全,包括保护数据传输过程免受篡改和窃听,确保数据的完整性和机密性;其特点是包括传输层加密协议的应用、会话安全和数据完整性校验等。
- 应用层的安全需求和特点:应用层的安全需求主要涉及应用程序的安全,包括保护应用程序免受恶意攻击和数据泄露,确保应用程序的正常运行和数据的机密性;其特点是包括身份认证、访问控制和数据加密等。

(3) 分层原则在网络层次划分中的应用。通过将网络划分为不同的层次,可以针对每个网络层次进行独立的安全设计和部署,降低风险和提高整体安全性。同时,分层原则还有助于明确各网络层次之间的责任和边界,提高网络的可维护性和可扩展性。在实际应用中,应遵循开放系统互连(OSI)参考模型或 TCP/IP 模型,确保网络层次之间的协同工作和安全防御。

2. 各网络层次的安全策略

(1) 制定各网络层次的安全策略和规则。制定各网络层次的安全策略和规则是确保网络安全的重要步骤,应根据不同网络层次的安全需求分别制定相应的安全策略和规则,包括访问控制、加密传输、身份认证、数据完整性校验等方面。这些策略和规则应明确各网络层次的安全要求和操作规范,为后续的安全实施和监测提供指导。

(2) 各网络层次之间的安全策略协调与整合。各网络层次之间的安全策略协调与整合是确保网络安全性的关键。由于网络具有多层结构,各网络层次之间的安全策略需要相互配合,形成一个完整的防御体系。例如,物理层的安全策略应与数据链路层的安全策略相协调,确保设备的安全性和数据的完整性;应用层的安全策略应与传输层的安全策略相整合,保证应用程序的正常运行和数据传输的安全性。

(3) 安全策略在不同网络层次上的实施与监测。安全策略在不同网络层次上的实施与监测是确保安全策略有效性的关键环节。在各网络层次上实施安全策略时,应根据具体的设备和协议要求,采用合适的技术手段和工具。例如,在物理层上可以部署物理隔离设备、防雷击设备等;在网络层上可以部署防火墙、入侵检测系统等;在应用层上可以实施身份认证、访问控制等措施。同时，应建立相应的监测机制，实时监测各网络层次的安全状态和异常情况，及时发现和处理安全问题。

3. 数据控制

（1）数据在各网络层次之间的流动与控制。数据的控制是确保网络安全的重要手段之一。为了确保数据的机密性和完整性，需要对数据在各网络层次之间的流动进行有效的控制。在各网络层次之间，数据的控制机制包括访问控制、加密传输、流量控制等，这些机制可以防止未经授权的访问，保护数据的机密性；同时，通过流量控制可以避免网络拥塞和数据丢失，保证数据的完整性。

（2）数据加密与解密在分层原则中的应用。数据加密与解密是分层原则中重要的安全措施之一。在不同的网络层次上，应根据安全需求和特点采用合适的数据加密与解密技术。例如，在传输层上可以采用传输层加密协议（如 TLS/SSL）来保护数据的机密性和完整性；在网络层上可以采用 IPSec 等协议进行端到端的数据加密；在应用层上可以采用数据库加密、文件加密等手段来保护数据的机密性。通过合理的数据加密与解密，可以降低数据被泄露和窃取的风险，提高网络的整体安全性。

（3）数据控制对分层原则的影响与实践。数据控制对分层原则有重要的影响。在网络架构设计中，合理的数据控制可以增强各网络层次之间的协同工作和安全防御能力。通过在各网络层次之间实施有效的访问控制、加密传输和流量控制等措施，可以确保数据的机密性和完整性，降低风险。同时，数据控制也需要在实践中不断调整和完善，以适应网络环境和安全需求的变化。例如，可以根据实际情况调整访问控制策略、加密算法和流量控制参数等，以实现更好的数据保护效果。

4. 实施分层原则时面临的挑战及其解决方案

（1）实施分层原则时面临的挑战。分层原则在实施过程中面临诸多挑战，常见的挑战包括各网络层次之间的安全策略不协调、安全控制措施的重复和冲突、缺乏统一的分层安全管理和监测等。这些挑战可能导致安全漏洞和资源浪费，影响网络的整体安全性。

（2）应对挑战的策略与解决方案。针对分层原则在实施时面临的挑战，可以采取以下策略和解决方案。

- 建立统一的安全管理体系：在各网络层次上建立统一的安全管理体系，制定协调一致的安全策略和规则，确保各网络层次之间的安全控制措施相互配合，避免重复和冲突。
- 加强分层安全监测和日志分析：建立分层安全监测机制，实时监测各网络层次的安全状态和异常行为，及时发现和处理安全问题。同时，应加强日志分析，对各网络层次的安全事件进行深入挖掘和分析，提高安全事件的处置效率。
- 采用先进的安全技术和工具：通过引入和应用先进的安全技术和工具，如人工智能、大数据分析等，可提高各网络层次的安全防御能力和监测水平。
- 加强人员培训和管理：加强各网络层次安全管理人员和技术人员的培训，可提高他们的技能水平和安全策略执行力。同时，加强人员的管理和信息安全教育，可降低人为因素带来的风险。
- 持续优化分层原则的实施：根据实际情况和安全需求的变化，持续优化分层原则的实施，调整安全策略和措施，提高网络的整体安全性。

（3）分层原则的改进与创新方向。随着技术的不断发展和网络威胁的不断演变，分层原则需要不断改进和创新。以下是主要的改进和创新方向。

- 更加智能化的分层安全管理：利用人工智能，可实现更加智能化的分层安全管理；通过对海量数据进行分析和学习，可自动识别异常行为和威胁，提高安全事件的处置效率和准确性。
- 动态调整分层策略和措施：根据网络环境和安全需求的变化，动态调整分层策略和措施。例如，根据流量分析结果，实时调整加密传输策略和访问控制规则，以应对不断变化的威胁场景。
- 融合新技术的分层应用：将新技术应用于分层原则的实施中，如区块链可以用于数据完整性和可追溯性保护，零信任安全模型可以用于在各网络层次之间建立和管理安全信任。通过融合新技术，可提高分层原则的实施效果和安全性。

5.1.3 灵活性原则

网络威胁是不断变化的，因此网络架构需要具备灵活性，能够随着威胁的变化而调整和优化。在设计网络架构时，应考虑可扩展性和适应性，以满足未来的安全需求。

1. 安全策略的动态调整

（1）根据网络威胁变化调整安全策略。安全策略需要根据网络威胁的变化而进行动态调整，通过实时监测和分析网络中的威胁，可及时发现新的威胁，进而调整相应的安全策略。例如，当发现某种新的恶意软件时，可及时调整防火墙、入侵检测系统等的安全控制措施，以应对该恶意软件。

（2）制定灵活的安全策略调整机制。为了确保安全策略的动态调整能够及时有效地进行，需要制定灵活的安全策略调整机制。该机制应包括安全策略的定期评估和审查、威胁情报的收集和分析、安全事件的响应和处置等环节。同时，应建立快速响应机制，以便在发现网络威胁时能够迅速调整安全策略，保护网络的安全。

（3）安全策略调整的最佳实践。在实际应用中，已经有许多企业或组织成功实施了安全策略的动态调整。以下是一些最佳实践。

- 定期评估和调整安全策略。某大型银行定期对其网络安全策略进行评估和调整，通过收集和分析威胁情报、安全事件响应等数据，及时发现并应对新的威胁。同时，该银行建立了灵活的安全策略调整机制，确保在需要时能够快速响应。
- 基于情报驱动的安全策略调整。某企业采用基于情报驱动的安全策略调整方法，通过与多个安全情报提供商合作，可及时获取最新的威胁情报，并根据情报内容调整其安全策略。这种方法使该企业能迅速应对新出现的威胁，并保持网络的安全性。
- 自动化安全策略调整。某云计算服务提供商通过自动化工具实现安全策略的动态调整，利用机器学习对网络流量进行实时监测和分析，当发现异常行为时，自动调整相应的安全策略。这种方法提高了安全策略调整的效率和准确性。

2. 安全技术与工具选型的多样性

（1）选择多种安全技术与工具。在网络架构设计与实施中，应选择多种安全技术与工具，以实现多层次、全方位的安全防御。这些安全技术与工具包括防火墙、入侵检测系统、加密技术、身份认证系统等。通过选择多种安全技术与工具，可以更好地应对各种网络威胁，提高网络的整体安全性。

（2）对比分析各种安全技术与工具的优缺点。在选择多种安全技术与工具时，应对各种技术与工具的优缺点进行对比分析，了解不同安全技术与工具的特点、适用场景、性能指标等，以便根据实际需求进行合理的选择。例如，某些安全技术与工具可能更适合于数据加密和身份认证，而另一些安全技术与工具可能更适合于流量分析和入侵检测。通过对比分析，可以更好地发挥各种安全技术与工具的优势。

（3）制定安全技术与工具的选型标准与决策流程。为了确保安全技术与工具选型的合理性和有效性，需要制定安全技术与工具选型标准与决策流程。选型标准应包括安全技术与工具的成熟度、性能指标、可扩展性、成本效益等。决策流程应包括需求分析、安全技术与工具评估、选型决策、实施与监测等环节。通过制定明确的选型标准和决策流程，可以确保安全技术与工具的科学性和合理性，为网络架构设计与实施提供有力支持。

3. 网络架构的可扩展性

（1）设计可扩展的网络架构。为了应对未来安全需求的变化和增长，应设计可扩展的网络架构。可扩展的网络架构能够根据网络规模、业务需求和技术发展的变化进行相应的调整和扩展。例如，可以采用模块化设计的网络架构，各模块之间具有良好的互操作性和可替换性，可方便进行网络架构的扩展和升级。

（2）考虑未来安全需求的变化与增长。在设计和实施网络架构时，应充分考虑未来安全需求的变化和增长。这包括对未来可能出现的威胁和攻击方式进行预测和分析，了解潜在的风险和挑战；同时，还应考虑未来的业务发展和技术进步，以便将新的安全技术与工具集成到现有的网络架构中，提高网络的整体安全性。

（3）网络架构扩展的最佳实践。在实际应用中，已经有许多企业或组织成功地实现了网络架构的扩展。以下是一些最佳实践。

- 采用模块化设计的网络架构。某大型互联网公司采用模块化设计了网络架构，使该网络架构能够灵活地扩展和升级。当出现新的威胁或业务需求时，能够快速地添加新的模块或升级现有模块，而不会对整个网络架构造成影响。
- 采用灰度发布的方式进行网络架构扩展。某金融公司采用灰度发布的方式进行网络架构的扩展，首先在部分业务或区域进行新功能的测试和验证，确保其安全性和稳定性后再逐步推广到整个网络。这种方法降低了扩展的风险，并确保了网络架构的稳定性。
- 持续监测与更新的网络架构。某电信运营商采用持续监测和更新的网络架构策略，定期评估和审查其网络架构的有效性，并根据需要进行调整和更新；同时，还建立了安全漏洞的快速响应机制，确保能够及时发现和处理安全问题。

4. 实施灵活性原则时面临的挑战及其解决方案

（1）实施灵活性原则时面临的挑战。随着网络技术的发展和威胁的不断演变，灵活性原则在实施过程中面临诸多挑战。其中，主要的挑战包括如何平衡安全性和灵活性、如何快速响应不断变化的安全需求、如何降低网络架构的复杂性，以及如何提高安全管理的效率等。这些挑战可能导致安全漏洞、资源浪费和效率低下，影响网络架构的整体安全性。

（2）应对挑战的解决方案。针对上述挑战，可以采取以下解决方案。

- 模块化设计：采用模块化设计的网络架构，各模块之间具有良好的互操作性和可替换性，方便进行功能扩展和升级。这样不仅可以更好地满足不断变化的安全需求，还可以降低网络架构的复杂性。
- 灰度发布与持续监测：采用灰度发布的方式进行网络架构扩展，首先在部分业务或区域进行新功能的测试和验证，确保其安全性和稳定性后再逐步推广到整个网络；同时，建立持续监测和更新的机制，定期评估和审查网络架构的有效性，并根据安全需求进行调整和更新。这样可以降低网络架构扩展的风险，并确保网络架构的稳定性。
- 智能化安全运维：利用人工智能实现智能化安全运维，通过对海量数据进行分析和学习，自动识别异常行为和威胁，提高安全事件的处置效率和准确性。这样可以提高安全管理的效率，更好地应对不断演变的威胁。
- 标准化与合规性：制定统一的安全标准和合规性要求，确保各模块之间的安全策略和措施相互协调，避免出现安全漏洞和重复建设。这样可以降低网络架构的复杂性，提高网络架构的整体安全性。
- 灵活地调整安全策略：根据威胁和安全需求的变化，灵活调整安全策略和措施；建立快速响应机制，以便在发现威胁时能够迅速调整安全策略，保护网络架构的安全。这样可以更好地应对不断演变的威胁，提高网络架构的整体安全性。

（3）灵活性原则的改进与创新方向。随着技术的不断发展和网络威胁的不断演变，灵活性原则在未来发展中需要不断改进和创新。以下是一些主要的改进和创新方向。

- 智能化安全运维的进一步发展：利用人工智能实现更加智能化的安全运维，通过深度学习和自然语言处理等技术，自动识别和分析威胁情报，提高安全事件的处置效率和准确性。这样可以更好地应对不断演变的威胁，提高网络架构的整体安全性。
- 动态安全策略调整的进一步优化：基于大数据分析和预测模型，实现动态安全策略的调整和优化。通过对网络流量、用户行为等数据进行实时监测和分析，预测未来的威胁和攻击方式，提前调整安全策略和措施。这样可以更好地应对未来的威胁，提高网络架构的整体安全性。
- 云原生架构的广泛应用：随着云原生技术的不断发展，越来越多的企业或组织将采用云原生架构来提高应用程序的灵活性和可扩展性，因此如何在云原生环境下实现灵活的网络架构设计和实施，将成为未来的一个重要研究方向。
- 区块链在网络安全中的应用：区块链具有去中心化、不可篡改的特点，可用于实现安全的分布式网络管理和身份认证等。未来，区块链将更广泛地应用于信息安全领域，提高网络架构的灵活性和安全性。

结语

网络架构的设计是构建可靠网络安全防御体系的关键一步。本节详细介绍了网络架构的设计原则。只有不断创新和完善网络架构，才能更好地保护网络环境的安全和稳定。在实践中，网络管理员和安全专家应根据企业或组织的具体情况和安全需求，设计合理的网络架构。

5.2 边界防御与入侵检测

> **引言**
>
> 边界防御与入侵检测是网络安全的第一道防线，它们起着保护内部网络免受外部攻击的重要作用。随着互联网的普及和信息技术的快速发展，网络威胁日益加剧，恶意攻击者不断寻找突破口，对网络进行入侵和渗透，因此，建立有效的边界防御与入侵检测系统，成为企业或组织确保网络安全的必要手段。
>
> 本节将重点讨论边界防御与入侵检测的相关技术和方法，包括防火墙、入侵检测系统与入侵防御系统、安全网关等内容。本节旨在为读者构建可靠边界安全防御体系提供指导，以有效应对各类网络攻击和威胁。

边界防御是网络安全的第一道防线，它主要针对外部网络与内部网络之间的交互进行保护。边界防御的关键技术包括防火墙、入侵检测系统与入侵防御系统等，其架构如图 5-1 所示。

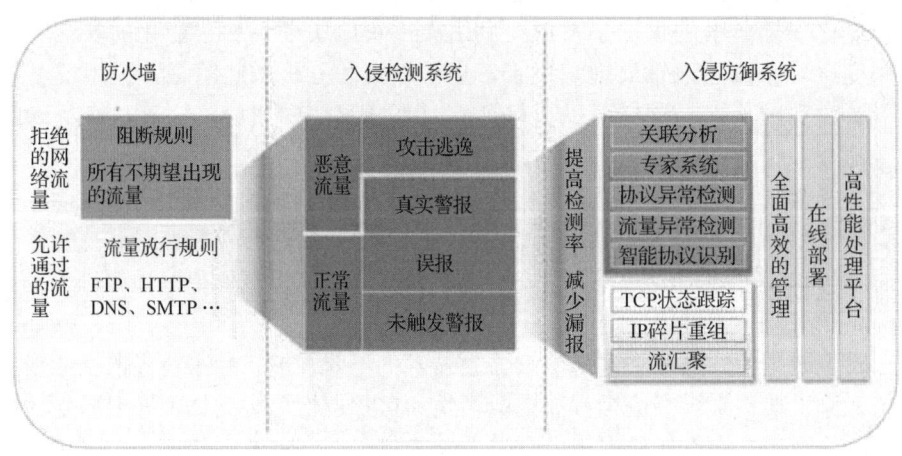

图 5-1 边界防御的架构

5.2.1 防火墙

防火墙是最基本的边界防御工具，它通过设置网络访问控制规则，对进入网络的数据进行监测和过滤，从而控制并保护内部网络。防火墙分为软件防火墙和硬件防火墙两种类型。

软件防火墙是一种运行在服务器或操作系统上的防火墙，它可以通过软件配置来实现网络流量的监测和过滤。软件防火墙通常部署在网络入口的服务器上，对进入网络的数据进行检查，并根据预设的安全策略决定是否允许数据进入网络。例如，360 网络防火墙就是一种常用的软件防火墙，其运行界面如图 5-2 所示。

图 5-2 360 网络防火墙的运行界面

硬件防火墙是一种专门的网络设备,它独立于服务器和操作系统,直接部署在网络边界的路由器、交换机或防火墙设备上。硬件防火墙通过硬件加速和专用芯片,能够实现高效的数据处理。例如,华为防火墙如图 5-3 所示。

图 5-3 华为防火墙

防火墙(Firewall)是最基本的边界防御工具,它可以设置网络访问控制规则,对进入网络的数据进行监测和过滤。防火墙可以根据预设的安全策略来决定是否允许特定的数据通过,从而实现对网络的控制和保护。防火墙可以部署在网络边界的路由器、交换机或服务器上。防火墙的作用如图 5-4 所示。

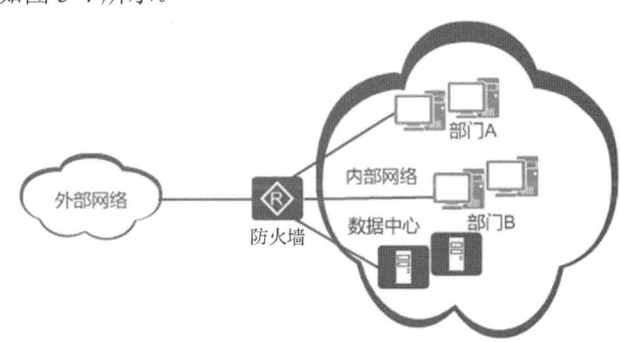

图 5-4 防火墙的作用

1. 防火墙概述

(1) 防火墙的定义与功能。防火墙是网络安全体系中的重要组成部分,主要用于保护内部网络免受外部网络的非法访问和攻击。通过一系列的安全策略和防御机制,防火墙可对网络进行控制和过滤,从而确保网络的安全性和稳定性。防火墙的主要功能包括:

- 访问控制:根据安全策略和规则,控制网络数据进出,允许或拒绝特定的网络请求。
- 数据过滤:对通过网络的数据进行过滤,仅允许符合安全规则的数据通过。
- 日志记录:记录网络的日志,以便进行审计和监测。
- 抗攻击防范:防范常见的网络攻击,如拒绝服务攻击、端口扫描等。

(2) 防火墙的工作原理。防火墙主要是基于包过滤技术和代理服务器技术工作的。包过滤技术通过检查数据的源地址、目标地址、端口号等信息,决定是否允许该数据通过。代理服务器技术则通过代理应用程序来接收和转发网络请求,从而实现对网络的控制和过滤。在此基础上,防火墙还采用了一些其他技术,如加密技术、身份认证等,来提高安全性和防御能力。

(3) 常见防火墙的分类与特点。根据实现方式和功能特点,防火墙可以分为以下几类。

- 包过滤防火墙:基于包过滤技术实现,根据数据的源地址、目标地址、端口号等信息进行过滤。这种防火墙简单易用,但可能存在一些安全漏洞。
- 代理服务器防火墙:通过代理应用程序实现对网络的控制和过滤。这种防火墙可以提供更高级别的安全防御,但可能影响网络性能。
- 状态检测防火墙:结合了包过滤技术和代理服务器技术,能够检测网络连接状态并进行过滤。这种防火墙具有较好的安全性和性能。
- 深度包检测防火墙:能够对数据的内容进行检测和分析,从而提供更高级别的安全防御。但这种防火墙对硬件设备的处理能力和性能要求较高。

2. 防火墙的部署与配置

(1) 防火墙的部署。在部署防火墙之前,需要根据网络环境和安全需求选择合适的防火墙类型,需要考虑的因素有网络流量、需要保护数据的重要性、潜在威胁等。防火墙通常部署在网络的入口处,用于拦截外部网络对内部网络的访问;可以部署在内部网络的不同区域或部署多个防火墙,形成多层次的防御体系。

(2) 防火墙的配置。合理地配置防火墙是发挥防火墙效能的关键环节。以下是一些常见的配置参数:

- IP 地址与端口配置:根据网络环境配置正确的 IP 地址和端口号,确保防火墙能够正确识别进入网络的数据。
- 访问控制列表(ACL):通过 ACL 配置访问控制规则,控制不同用户或设备对内部网络的访问权限。
- 加密与身份认证:根据安全需求配置数据加密和身份认证功能,确保数据传输的安全性和可信性。
- 日志记录与告警:开启防火墙的日志记录功能,记录网络的详细信息;同时设置告警规则,对异常行为及时发出告警。
- 升级与更新:确保防火墙固件或软件及时升级到最新版本,以修复潜在的安全漏洞和提升防御能力。

(3) 防火墙策略的制定与实施。防火墙策略是指导防火墙如何处理网络通信的规则集合。

制定合理的防火墙策略对于确保网络安全至关重要。以下是一些制定防火墙策略的建议:
- 最小权限原则:尽量限制网络访问权限,只允许必要的数据通过防火墙。
- 定期审查与更新策略:定期审查防火墙策略的有效性,根据网络环境的变化及时更新策略。
- 测试与验证:在实施新的防火墙策略之前,进行充分测试和验证,确保不会对正常业务造成影响。
- 备份与恢复:定期备份防火墙配置和日志记录,以便在需要时进行恢复和分析。
- 与其他安全措施协同工作:将防火墙与其他安全措施(如入侵检测系统、病毒防御等)进行整合,形成多层次的防御体系。

3. 防火墙的性能优化

(1)防火墙的性能指标与测试。在评估防火墙性能时,通常需要考虑以下的关键的性能指标。
- 吞吐量:表示防火墙每秒能够处理的数据量,通常以 Mbps 或 Gbps 为单位。
- 延时:数据通过防火墙所需的时间,通常以 ms 为单位。
- 并发连接数:防火墙能够同时处理的网络连接数量。
- 新建连接速率:防火墙每秒能够建立的网络连接的数量。

为了准确评估防火墙性能,可以使用专业的性能测试工具进行模拟测试。这些工具可以模拟真实网络环境中的流量和连接,从而得到准确的性能指标。

(2)防火墙的性能优化策略与技巧。为了优化防火墙性能,可以采取以下策略和技巧。
- 硬件加速:使用专用硬件,如 ASIC 或 FPGA,对防火墙的数据处理进行加速,提高吞吐量并减小延时。
- 负载均衡:部署多个防火墙,并使用负载均衡技术将网络流量分发到各个防火墙上,从而提高网络的整体性能。
- 流量过滤:通过精细的访问控制规则,仅允许必要的数据通过防火墙,减少不必要的处理和资源消耗。
- 会话保持:对于需要长时间保持的连接,如 SSL/TLS 会话,采用会话保持技术可以减少重复验证和加密操作的开销。
- 定期维护与更新:定期对防火墙进行维护操作,如日志清理、固件更新等,以确保防火墙处于最佳性能状态。

(3)防火墙性能优化的实际案例分析。某企业在其数据中心部署了高性能防火墙,用于保护内部网络。随着时间的推移,由于业务增长和网络流量的增加,防火墙的性能开始下降。为了解决这一问题,该企业采取了以下优化措施:
- 升级硬件:将防火墙的硬件设备升级为更高性能的硬件设备,以支持更高的吞吐量和并发连接数。
- 调整访问控制规则:对访问控制规则进行精细化调整,减少不必要的流量过滤和处理,从而提高性能。
- 启用负载均衡:在数据中心部署多个防火墙,并使用负载均衡技术将网络流量分发到各个防火墙上,实现性能的线性扩展。
- 定期维护:定期对防火墙进行维护操作,如日志清理、固件更新等,确保防火墙保持最佳性能状态。

4. 防火墙的未来发展

（1）未来防火墙的技术创新与趋势。随着技术的发展和网络威胁的不断演变，未来防火墙的技术创新与趋势主要表现在以下几个方面。

- 人工智能驱动的智能防火墙：利用人工智能实现对网络流量的实时监测和自动分类，以及威胁的自动识别和防御。通过深度学习和自然语言处理等技术，防火墙能够自我学习和进化，不断提高其安全防御的效率和准确性。
- 云端防御与零信任安全模型：随着云计算的普及，防火墙的功能逐渐向云端迁移，通过云端的大规模并行处理和智能分析能力，可实现更高效的安全防御；同时，零信任安全模型也成为一种趋势，即不再信任任何内部网络和设备，对所有网络流量进行严格控制和验证。
- 微分段与安全容器：针对微服务架构和容器技术的广泛应用，未来的防火墙提供了微分段和安全容器的功能，通过将网络流量隔离到不同的安全容器中，可实现细粒度的安全控制和隔离，提高安全性。
- 可编程与自动化：防火墙的配置和管理逐渐趋向于可编程化和自动化，通过 API 和脚本编程，用户可灵活地定制防火墙的配置和策略，实现快速部署和动态调整。

（2）防火墙在网络架构中的重要性与作用。防火墙作为网络安全体系中的重要组成部分，在未来仍然发挥着不可替代的作用。具体来说，防火墙在网络架构中的重要性与作用表现在以下几个方面。

- 边界控制与访问控制：防火墙通常部署在网络的入口处，对进入网络的数据进行过滤和控制，防止非法访问和攻击。通过制定合理的访问控制策略，防火墙能够有效保护内部网络资源的安全性。
- 数据过滤与入侵检测：防火墙具备数据过滤功能，能够根据源地址、目标地址、端口号等信息对数据进行过滤；同时，通过与入侵检测系统的集成，防火墙能够实时检测网络中的异常行为和威胁，并及时发出告警或采取防御措施。
- 日志记录与审计：防火墙具备日志记录功能，能够记录网络的详细信息。这些日志可以用于审计和分析，帮助网络管理员发现潜在的威胁和异常行为。
- 身份认证与权限管理：防火墙可以集成身份认证功能，对用户或设备进行身份认证，确保只有授权用户或设备才能访问内部网络资源。通过权限管理功能，防火墙能够实现不同用户或设备之间的访问控制和权限分配。
- VPN 与远程接入：防火墙可以提供 VPN（虚拟专用网络）功能，实现远程用户的安全接入。通过加密传输和身份认证机制，VPN 能够确保远程用户访问内部网络资源时的安全性和保密性。

（3）防火墙在未来发展中的挑战与机遇。随着技术的发展和网络威胁的不断演变，防火墙在未来发展中所面临的挑战与机遇主要表现在以下几个方面。

- 多态防御与动态安全：随着攻击手段的不断演变和攻击源的多样化，传统的静态防御手段已经难以应对，因此未来的防火墙需要具备多态防御能力，即能够根据不同的威胁和场景动态调整防御策略和机制；同时，需要与其他安全组件进行集成，形成动态安全体系。
- 安全分析与智能决策：随着大数据、人工智能等技术的发展，未来的防火墙需要具备更高级的安全分析能力。通过对海量数据进行采集、处理和分析，可实现威胁的早期预警、自动识别和智能决策。这将有助于提高防火墙的安全防御效率和准确性。
- 合规性与标准要求：随着法规和标准的不断完善，未来的防火墙需要满足更多的合规性和标准要求。例如，满足 GDPR 等的要求、支持可解释的人工智能模型等。这将促使防火墙产品不断改进和完善。
- 持续监测与快速响应：面对不断演变的网络威胁，未来的防火墙需要具备持续监测和快速响应的能力。通过实时监测网络流量和日志数据，未来的防火墙可及时发现异常行为和潜在威胁，并采取相应的防御措施。同时，未来的防火墙需要与其他安全组件进行协同工作，形成快速响应机制。
- 自动化与可编程性：随着企业数字化转型的加速，未来的防火墙需要具备更高的自动化和可编程性。通过自动配置、部署和管理工具，用户可以快速定制和调整防火墙的策略和功能；同时，通过可编程接口，用户可以根据实际的安全需求编写自定义脚本或集成第三方工具。这将有助于提高企业的安全防御效率和灵活性。

5.2.2 入侵检测系统与入侵防御系统

入侵检测系统主要用于监测网络中的异常行为和安全事件。入侵检测系统可以根据预先定义的规则和特征，对网络流量进行监测和分析，以发现可能的入侵行为。入侵检测系统可以部署在网络边界、内部网络或关键服务器上，对网络的各个层次进行监测。入侵检测系统的工作原理如图 5-5 所示。

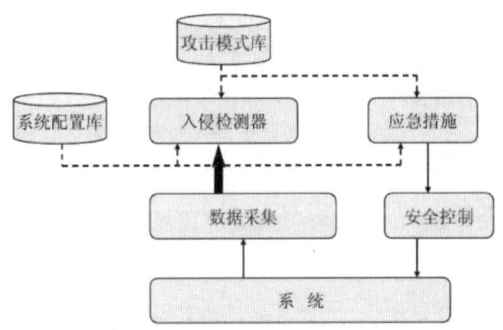

图 5-5　入侵检测系统的工作原理

入侵防御系统不仅能监测网络流量，还可以采取主动防御措施来阻止入侵行为。当入侵防御系统检测到可能的入侵行为时，它可以立即采取相应的防御措施，如阻断攻击流量、断开攻击者的连接等。入侵防御系统可以实现快速响应和自动化防御，帮助企业或组织更好地应对入侵事件，其工作原理如图 5-6 所示。

入侵检测系统（IDS）与入侵防御系统（IPS）是边界防御的重要组成部分，能够通过对网络流量和行为的实时监测与分析，及时发现潜在的入侵行为并做出相应的响应措施。入侵检测系统主要用于检测网络中的异常行为和安全事件，入侵防御系统还能采取主动防御措施来阻止入侵行为。入侵检测系统与入侵防御系统可以作为独立部署，也可以集成在防火墙或其他网络安全设备中。入侵检测系统与入侵防御系统的部署示意图如图 5-7 所示。

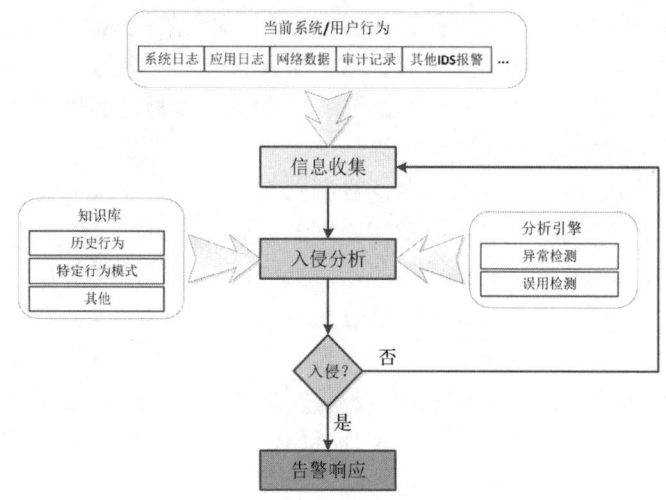

图 5-6　入侵防御系统的工作原理

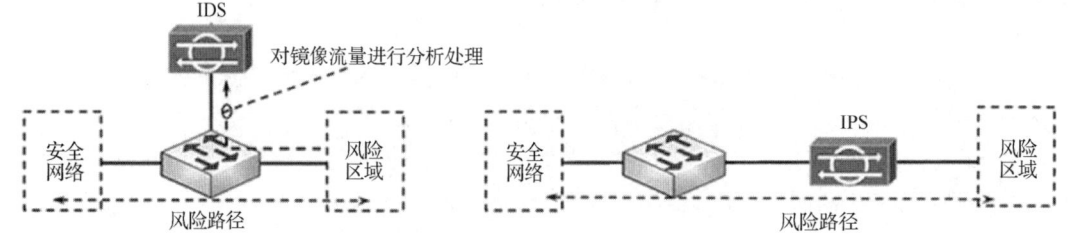

图 5-7　入侵检测系统与入侵防御系统的部署示意图

1. 入侵检测系统与入侵防御系统概述

（1）入侵检测系统与入侵防御系统的功能。入侵检测系统与入侵防御系统是信息安全领域中的重要组成部分，用于检测和防御网络攻击。入侵检测系统主要负责检测网络流量中的异常行为和威胁，而入侵防御系统则能够在检测到威胁时自动采取防御措施。入侵检测系统与入侵防御系统的主要功能包括：

- 实时监测与检测：对网络流量进行实时监测，检测其中的异常行为和潜在威胁。
- 告警与日志记录：当检测到威胁时，及时发出告警并记录相关日志，帮助网络管理员进行后续分析和处理。
- 防御与阻断：在检测到攻击时，能够自动采取防御措施，如阻断连接、丢弃数据等。
- 流量分析：对网络流量进行深入分析，识别潜在的攻击模式和恶意软件。
- 协议分析：对网络协议进行深入分析，识别协议层面的攻击和异常行为。

（2）入侵检测系统与入侵防御系统的工作原理和技术基础。入侵检测系统与入侵防御系统是通过截获并分析网络流量，从而识别异常行为和威胁的，其技术基础主要包括以下几个方面。

- 数据捕获技术：用于截获网络流量，是入侵检测系统与入侵防御系统工作的基础。
- 协议分析技术：对数据进行协议解析，识别不同协议层面的行为和特征。
- 模式匹配技术：将捕获的数据与已知的攻击模式进行匹配，以检测恶意流量。
- 异常检测技术：通过建立正常的网络流量模型，识别偏离正常模型的异常行为。
- 人工智能技术：用于提高检测的准确性和自适应性，能够识别未知威胁和变种攻击。

(3) 常见入侵检测系统与入侵防御系统的分类与特点。根据不同的分类标准,入侵检测系统与入侵防御系统可以分为多种类型。常见的分类方式如下:
- 基于主机和网络的分类:基于主机的入侵检测系统与入侵防御系统安装在目标系统上,用于检测目标系统中的异常行为;基于网络的入侵检测系统与入侵防御系统部署在网络的入口处,用于检测异常的网络流量。
- 实时入侵检测系统与离线入侵检测系统:实时入侵检测系统可实时检测网络流量,及时发现威胁;离线入侵检测系统通过对历史的网络流量进行分析,可用于事后分析和审计。
- 基于特征的和异常的分类:基于特征的入侵检测系统与入侵防御系统可根据已知的攻击模式进行检测;基于异常的入侵检测系统与入侵防御系统通过建立正常的网络行为模型,可识别偏离正常模型的行为。

2. 入侵检测系统与入侵防御系统的部署与配置

(1) 入侵检测系统与入侵防御系统的部署。在部署入侵检测系统与入侵防御系统前,需要选择适合的入侵检测系统与入侵防御系统,并确定部署位置。以下是部署入侵检测系统与入侵防御系统的关键考虑因素。
- 需求分析:明确需要检测和防御的威胁类型,以及网络的流量特征,这有助于选择适合的入侵检测系统与入侵防御系统。
- 性能要求:考虑入侵检测系统与入侵防御系统的处理能力、吞吐量和并发连接数,以确保能够满足网络流量和检测需求。
- 部署位置:根据网络架构和安全策略,选择入侵检测系统与入侵防御系统在网络中的部署位置,如汇聚层或核心层;此外,还可以根据实际需求,选择部署多个入侵检测系统与入侵防御系统。
- 管理便利性:选择易于管理和配置的入侵检测系统与入侵防御系统,以降低运维成本。
- 升级和维护:考虑入侵检测系统与入侵防御系统的软件升级机制,以及故障恢复能力,以确保长期稳定运行。

(2) 入侵检测系统与入侵防御系统的配置。在部署入侵检测系统与入侵防御系统后,还需要进行一系列的配置,以确保达到预期效果。以下是一些关键配置参数。
- 数据捕获:根据网络流量和性能要求,配置数据捕获的速率和范围。
- 协议解析:根据网络使用的协议,配置协议解析规则,确保能正确识别各种协议。
- 威胁库更新:配置入侵检测系统与入侵防御系统使用最新的威胁库,以便及时检测已知威胁。
- 阈值设置:针对不同的威胁类型和流量特征,设置合适的报警阈值,避免出现误报和漏报。
- 日志存储:配置日志存储策略,确保能保留足够的历史日志,以便于后续分析。
- 流量镜像:如果需要将网络流量镜像到入侵检测系统与入侵防御系统进行分析,则需要进行相应的镜像设置。
- 性能检测:配置性能检测功能,以便实时了解入侵检测系统与入侵防御系统的处理能力和资源使用情况。
- 安全性考虑:确保入侵检测系统与入侵防御系统的安全性,防止潜在攻击和错误配置。

(3) 入侵检测系统与入侵防御系统策略的制定与实施。为了充分发挥入侵检测系统与入

侵防御系统的作用,需要制定合适的策略并确保策略的实施。以下是一些关键步骤:
- 威胁建模:对网络面临的威胁进行建模,明确需要检测的威胁类型和来源。
- 策略制定:基于威胁建模结果,制定相应的入侵检测系统与入侵防御系统策略,包括检测规则、报警阈值、防御措施等。
- 策略实施:将制定的策略部署到入侵检测系统与入侵防御系统中,并确保正常工作。这可能涉及参数配置、规则设置等操作。
- 策略验证与测试:对实施后的策略进行验证和测试,确保能够正常检测和防御威胁。
- 持续监测与优化:在入侵检测系统与入侵防御系统运行过程中,持续对其性能进行监测,并根据实际效果优化策略,这可能涉及规则和阈值调整。
- 日志分析与审计:定期对入侵检测系统与入侵防御系统产生的日志进行分析和审计,以便及时发现潜在威胁和异常行为。这有助于不断完善和优化策略。

3. 入侵检测系统与入侵防御系统的性能优化

(1)入侵检测系统与入侵防御系统的性能指标与测试。为了确保入侵检测系统与入侵防御系统能够正常、高效地工作,了解其性能指标并进行相应的测试是至关重要的。性能指标主要包括以下几个方面:
- 吞吐量:表示入侵检测系统与入侵防御系统能够处理的最大网络流量。
- 延时:表示数据从进入入侵检测系统与入侵防御系统到处理完成所需的时间。
- 并发连接数:表示入侵检测系统与入侵防御系统能够同时处理的最大连接数。
- 准确率:表示入侵检测系统与入侵防御系统正确检测和分类威胁的百分比。
- 误报率:表示入侵检测系统与入侵防御系统错误检测和分类威胁的百分比。

性能测试可以通过模拟网络流量来评估入侵检测系统与入侵防御系统在实际环境中的表现。测试内容包括基准测试、压力测试和负载测试等。基准测试用于评估入侵检测系统与入侵防御系统在正常流量下的性能表现;压力测试用于评估入侵检测系统与入侵防御系统在异常流量或高负载情况下的性能表现;负载测试用于评估入侵检测系统与入侵防御系统在不同负载下的性能表现。

(2)入侵检测系统与入侵防御系统的性能优化策略与技巧。为了提高入侵检测系统与入侵防御系统的性能,可以采取以下的策略和技巧。
- 硬件优化:根据安全需求选择合适的硬件平台,并确保将入侵检测系统与入侵防御系统配置为最佳状态,如使用高速存储和网络接口卡。
- 数据包捕获优化:通过只捕获必要的网络流量或使用数据截断技术,降低处理负担。
- 规则优化:精简入侵检测系统与入侵防御系统的规则库,只保留必要的检测规则,避免不必要的匹配和误报。
- 并行处理:利用多核处理器或其他并行处理技术,提高入侵检测系统与入侵防御系统的处理能力。
- 缓存技术:利用缓存技术存储常用的数据和网络流量,减少重复处理和不必要的存储开销。
- 流量整形:通过流量整形技术,将不规则的网络流量整形为规则的流量,降低处理复杂度。
- 日志审计与清理:定期清理和审计日志,删除无用或过期的日志,减轻存储压力。
- 分布式部署:将入侵检测系统与入侵防御系统部署在网络中的多个关键位置,分担处理负载并提高整体性能。
- 资源监测与调优：实时监测入侵检测系统与入侵防御系统的资源使用情况，根据需要进行动态调整和优化。
- 软件更新与维护：定期更新软件和威胁库，确保入侵检测系统与入侵防御系统能够识别最新的威胁和攻击模式。

（3）入侵检测系统与入侵防御系统性能优化的实际案例分析。由于某企业的业务快速发展，网络流量大幅增加，导致其原有的入侵检测系统与入侵防御系统设备无法满足性能要求，主要表现为高延时、高误报率和低准确率。为了解决这个问题，该企业采取了以下措施进行性能优化。
- 硬件升级：升级了入侵检测系统与入侵防御系统的硬件设备，包括更快的 CPU、更大的内存和更快的存储设备，提高了硬件设备的处理能力和响应速度。
- 流量整形：使用了流量整形技术，将不规则的网络流量整形为规则的流量，降低了处理复杂度，减少了 CPU 和内存的使用率，提高了整体性能。
- 规则优化：精简了入侵检测系统与入侵防御系统设备的规则库，只保留了针对该企业业务和威胁的必要规则，减少了不必要的匹配和误报，提高了准确率和整体性能。
- 分布式部署：在网络的多个关键位置部署了入侵检测系统与入侵防御系统，实现了负载均衡和流量分担，提高了并发连接数和处理能力。
- 资源监测与调优：实时监测入侵检测系统与入侵防御系统设备的资源使用情况，根据安全需要进行动态调整和优化，确保了入侵检测系统与入侵防御系统始终处于最佳性能状态。
- 软件更新与维护：定期更新软件和威胁库，确保入侵检测系统与入侵防御系统能够识别最新的威胁和攻击模式，提高了准确率和安全性。

4. 入侵检测系统与入侵防御系统的未来发展

（1）未来的入侵检测系统与入侵防御系统的技术创新与趋势。随着网络威胁的不断升级，入侵检测系统与入侵防御系统也在不断发展和创新。未来的入侵检测系统与入侵防御系统的技术创新和趋势如下：
- 人工智能：利用人工智能，入侵检测系统与入侵防御系统能够更准确地识别威胁和异常行为，降低误报率和漏报率。
- 行为分析技术：通过对网络流量进行分析，入侵检测系统与入侵防御系统能够更准确地检测威胁和攻击行为，提高检测精度。
- 云网支持：随着云计算的普及，入侵检测系统与入侵防御系统将在部署在云端，为云计算安全提供保障。
- 大数据处理技术：利用大数据处理技术，入侵检测系统与入侵防御系统能够处理海量的网络流量，实现更快速、更准确的威胁检测。
- 威胁情报驱动：结合威胁情报数据，入侵检测系统与入侵防御系统能够更准确地识别已知威胁和攻击模式，提高防御能力。
- 集成化与安全协同：入侵检测系统与入侵防御系统将与其他安全技术进行集成，实现安全协同和联动防御，提高整体安全性能。

（2）入侵检测系统与入侵防御系统在网络架构中的重要性与作用。入侵检测系统与入侵防御系统在网络架构中扮演着至关重要的角色，主要作用如下：

- 实时监测：通过实时监测网络流量，入侵检测系统与入侵防御系统能够及时发现潜在的威胁和攻击行为。
- 报警与响应：在检测到威胁时，入侵检测系统与入侵防御系统能够进行报警，并采取相应的防御措施，如阻断连接、丢弃数据等。
- 日志记录与分析：入侵检测系统与入侵防御系统能够记录相关的日志，为后续的安全分析和调查提供证据和支持。
- 防御未知威胁：通过对网络流量的深入分析和行为建模，入侵检测系统与入侵防御系统能够识别和防御未知威胁和变种攻击。
- 与其他安全技术协同工作：入侵检测系统与入侵防御系统可以与其他安全技术［如防火墙、SIEM（安全信息和事件管理）系统等］进行集成并协同工作，实现更全面、更有效的安全防御。

（3）入侵检测系统与入侵防御系统面临的挑战与机遇。

入侵检测系统与入侵防御系统面临的挑战包括：不断变化的威胁环境和攻击手段使入侵检测系统与入侵防御系统需要不断更新和升级以适应新的威胁；随着网络流量的不断增加，如何高效地处理和分析海量数据。

入侵检测系统与入侵防御系统面临的机遇包括：新兴技术（如人工智能、大数据处理等）为入侵检测系统与入侵防御系统的发展提供了新的机遇，这些技术可以帮助入侵检测系统与入侵防御系统更准确地识别威胁、提高处理效率，并与其他安全技术协同实现更好的协同工作；随着云计算、物联网等技术的普及，入侵检测系统与入侵防御系统的应用场景也将不断扩大。

5.2.3 安全网关

安全网关位于企业或组织内部网络和外部网络之间，它扮演着过滤和控制网络流量的重要角色。安全网关的部署如图 5-8 所示。

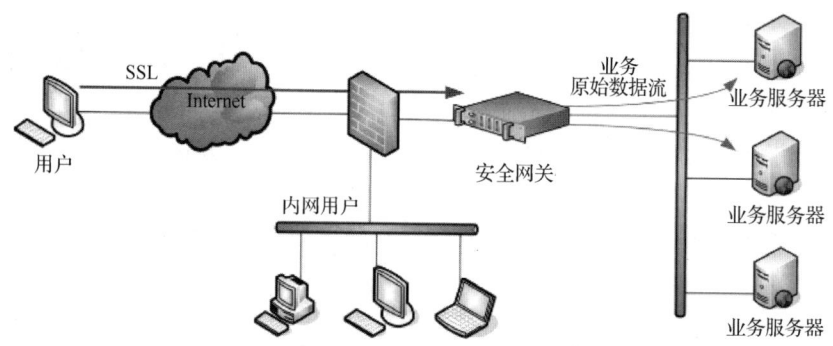

图 5-8 安全网关的部署

5.2.3.1 应用层网关

应用层网关是一种位于应用层的网络设备，它可以对进出的网络的数据进行深度分析，并根据预设的安全策略来过滤和控制网络。应用层网关可以识别和阻止一些常见的网络攻击，如 SQL 注入、跨站脚本攻击等。应用层网关的工作原理如图 5-9 所示。

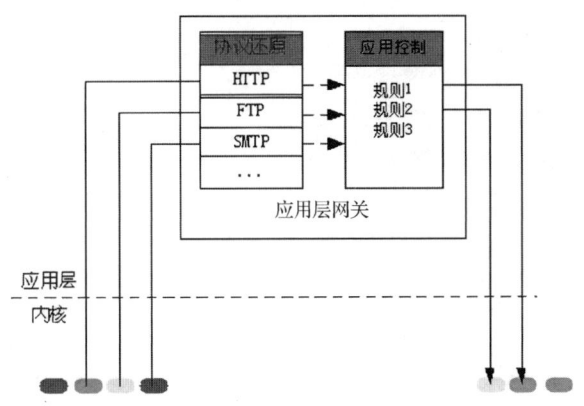

图 5-9　应用层网关的工作原理

1. 应用层网关概述

(1) 应用层网关的定义与功能。应用层网关也称为应用网关，是位于 OSI 参考模型中的应用层、为特定应用提供网络连接的安全网关。应用层网关的主要功能如下：
- 协议转换：当两个网络使用不同的应用层协议时，应用层网关能进行协议转换，使得两个网络能够正常通信。
- 安全检查：对通过应用层网关的数据进行深度检查，确保没有恶意代码或违规内容。
- 负载均衡：对于大型应用，应用层网关可以将请求分发到多个后端服务器，确保服务的可用性和性能。
- 内容缓存：为了提高响应速度，应用层网关可以缓存经常请求的内容。
- 身份认证与授权：为某些特定应用提供身份认证机制，确保只有授权用户可以访问应用程序。

(2) 应用层网关的技术基础。应用层网关是基于以下技术工作的。
- 深度包检测（DPI）技术：与传统的网络防火墙不同，应用层网关能够深入数据的应用层内容进行检测，从而更准确地识别和处理数据。
- 代理技术：应用层网关作为客户端和服务端之间的代理，可以控制和修改两者之间的通信。
- 协议解析与重组技术：应用层网关需要解析各种应用层协议，并在必要时对协议数据进行重组或修改。
- 负载均衡技术：为了将请求分发到多个后端服务器，应用层网关使用各种负载均衡技术，如轮询、最少连接等。

(3) 常见应用层网关的分类。根据应用和功能的不同，应用层网关可以分为以下几类：
- Web 应用网关：专为 Web 应用设计，可提供 HTTP/HTTPS 协议的转换、SSL 加密、Web 应用防火墙等功能。
- 邮件应用网关：处理邮件协议（如 SMTP、POP3、IMAP 等），可提供邮件过滤、反垃圾邮件、邮件加密等功能。
- 数据库应用网关：对数据库连接进行代理和转换，可提供数据库负载均衡、SQL 注入防御、数据库审计等功能。
- VoIP 应用网关：专为语音通话设计，可处理 SIP 等 VoIP 协议，提供语音编/解码、呼叫控制、NAT 穿越等功能。

2. 应用层网关的部署与配置

(1) 应用层网关的部署。在部署应用层网关时,需要选择合适的应用层网关,并确定其部署位置。以下是需要考虑的一些关键因素。

- 需求分析:明确应用层网关需要提供的功能,如协议转换、安全检查、负载均衡等。
- 网络拓扑结构:考虑应用层网关在网络拓扑中的位置,确保其能够有效处理网络流量和提供所需服务。
- 可用性和性能:选择具有高可用性和高性能的应用层网关,以确保服务的连续性和性能。
- 安全性与合规性:确保应用层网关符合安全和合规要求,能够提供所需的安全功能。

(2) 应用层网关的配置。在部署应用层网关后,还需要进行一系列的配置,以确保应用层网关能正常工作并满足安全需求。以下是一些关键配置。

- 协议配置:根据安全需求配置应用层网关所支持的协议,如 HTTP、HTTPS、SMTP 等。
- 安全策略配置:根据安全需求配置安全策略,如防火墙规则、入侵检测规则等。
- 负载均衡配置:如果应用层网关提供负载均衡功能,则需要配置负载均衡策略和参数。
- 内容缓存配置:如果应用层网关需要缓存内容以提高性能,则需要配置缓存策略和参数。
- 身份认证与授权配置:对于需要身份认证的应用,配置相应的身份认证机制和授权规则。

(3) 应用层网关策略的制定与实施。制定和实施有效的应用层网关策略是确保其正常工作和提供所需服务的关键。以下是制定与实施应用层网关策略的要点。

- 数据流量管理策略:根据数据流量特性和需求,制定合理的数据流量管理策略,确保应用层网关能够有效地处理数据流量。
- 安全策略:制定并实施全面的安全策略,包括防火墙规则、入侵检测规则等,以保护应用层网关和网络的安全。
- 服务质量策略:根据服务需求和性能要求,制定并实施服务质量策略,确保应用层网关能够提供高质量的服务。
- 监测与日志策略:制定并实施监测与日志策略,以便实时监测应用层网关的状态和性能,并及时发现和处理问题。
- 备份与恢复策略:制定并实施备份与恢复策略,以确保在发生故障或数据丢失时能够迅速恢复应用层网关的正常运行。

3. 应用层网关的性能优化

(1) 应用层网关的性能指标与测试。为了确保应用层网关的高性能,需要关注以下性能指标并进行相应的测试。

- 吞吐量:用于衡量应用层网关处理数据的能力,通常以每秒处理的数据量来衡量。
- 延时:数据通过应用层网关所需的时间,低延时意味着更快的响应时间。
- 并发连接数:应用层网关能够同时处理的连接数量。
- 资源利用率:包括 CPU、内存和网络等资源的利用率,确保应用层网关不会成为网络性能的瓶颈。
- 稳定性与可靠性:在长时间和高负载下,应用层网关应保持稳定和可靠。

为了准确评估这些指标,可以使用性能测试工具模拟实际数据流量,并对应用层网关进行压力测试。

（2）应用层网关的性能优化策略与技巧。为了提高应用层网关的性能，可以采取以下策略与技巧
- 硬件升级：使用高性能的硬件，如多核 CPU、大容量内存和高速网络接口。
- 负载均衡：通过负载均衡技术将请求分发到多个应用层网关，提高整体性能。
- 内容缓存：缓存频繁请求的内容，减少对后端服务器的请求，提高响应速度。
- 压缩技术：对传输的数据进行压缩，减少网络带宽的消耗。
- 优化协议处理：针对特定的应用层协议进行优化，提高协议处理的效率。
- 监测与日志分析：实时监测应用层网关的性能，通过日志分析找出性能瓶颈并进行优化。

4. 应用层网关的未来发展

（1）应用层网关的技术创新与趋势。随着技术的发展和网络威胁的不断演变，应用层网关正面临着一系列的技术创新与趋势。以下是应用层网关的主要技术创新与趋势：
- 人工智能：应用层网关将更多地采用人工智能来进行智能化处理，通过实时学习和自适应算法，未来的应用层网关能够更好地识别和应对威胁。
- 零信任安全模型：随着零信任安全模型的普及，应用层网关将更加注重身份认证和权限控制，确保只有授权用户能够访问应用程序。
- 微服务和容器化：随着微服务和容器技术的发展，应用层网关将更加灵活和可扩展，能够更好地支持现代应用程序的需求。
- 云原生技术：云原生技术将进一步集成到应用层网关中，提高应用层网关的可移植性和可扩展性。
- 可观察性增强：应用层网关将更加注重可观察性，提供全面的监测和日志功能，以便更好地了解网络流量和应用程序的行为。

（2）应用层网关在网络架构中的重要性与作用。在未来的网络架构中，应用层网关将继续发挥重要的作用。
- 安全性增强：应用层网关作为网络安全的第一道防线，能够提供全面的安全防御，包括协议解析、恶意软件检测、内容过滤等。
- 用户体验改善：通过负载均衡、内容缓存和智能网络流量管理等特性，应用层网关可以优化应用程序的性能，提高用户体验。
- 合规性支持：应用层网关可以满足各种合规性要求，如数据保护、隐私法规等，确保应用程序符合相关法规要求。
- API 管理：对于基于 API 的应用程序，应用层网关可以提供 API 管理功能，包括 API 网关、身份认证、路由控制等。
- 业务连续性保障：通过容灾、高可用性和快速恢复机制，应用层网关能够保障业务的连续性。

（3）应用层网关在未来发展中面临的挑战与机遇。

应用层网关在未来发展中面临的挑战：
- 复杂性增加：随着应用程序和网络流量的复杂性增加，应用层网关需要处理更多的协议和威胁类型。
- 快速迭代的需求：为了应对不断变化的威胁，应用层网关需要快速迭代和更新。

- 集成挑战：随着技术的不断发展，应用层网关需要与其他安全技术和系统进行集成，以确保安全策略的一致性。
- 性能要求提高：随着数据的增长和用户数量的增加，应用层网关需要具备更高的性能和扩展性。

应用层网关在未来发展中的机遇：

- 新技术的应用：新技术的发展为应用层网关提供了更多的机会和可能性，如人工智能和零信任安全模型等。
- 云原生和容器技术的普及：随着云原生和容器技术的普及，应用层网关可以更好地支持现代应用程序的需求，并提高其可扩展性和灵活性。
- 数字化转型的推动：随着企业数字化转型的加速，应用层网关可以发挥更大的作用，帮助企业实现应用程序的安全性和性能。

5.2.3.2 Web 应用防火墙

Web 应用防火墙是一种专门用于保护 Web 应用的安全网关，它可以对 HTTP/HTTPS 流量进行监测和过滤，防止 Web 应用受到各类攻击，如 SQL 注入、命令注入等。Web 应用防火墙的工作原理如图 5-10 所示。

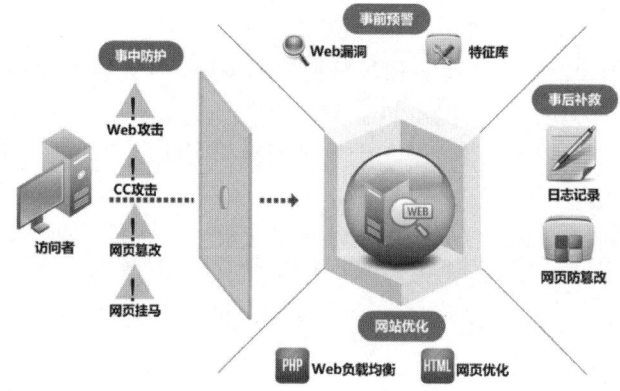

图 5-10　Web 应用防火墙的工作原理

5.2.3.3 网络地址转换

网络地址转换（Network Address Translation，NAT）是一种常用的安全网关技术，它可以将内部网络的私有 IP 地址转换为外部网络的公共 IP 地址，实现内部网络与外部网络之间的隔离和保护。通过 NAT 技术，内部网络的真实 IP 地址可得到隐藏，从而增强了网络的安全性。网络地址转换的工作原理如图 5-11 所示。

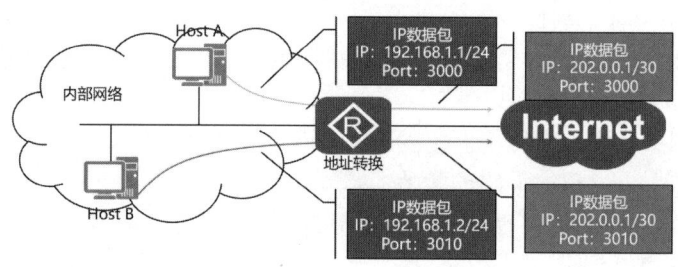

图 5-11　网络地址转换的工作原理

> **结语**
>
> 边界防御与入侵检测是保护内部网络安全的关键一环。防火墙、入侵检测系统与入侵防御系统,以及安全网关共同构成了边界防御与入侵检测体系。在不断升级的网络威胁面前,企业或组织应加强边界防御与入侵检测的建设和优化,确保网络的安全和稳定。边界防御与入侵检测体系还需要与其他安全技术紧密配合,形成多层次、多维度的网络安全防御体系,从而更好地抵御各类网络攻击和威胁。

5.3 网络流量分析与威胁情报

> **引言**
>
> 通过对网络流量和威胁情报进行分析,可帮助企业或组织及时发现和应对各类网络威胁。在当前复杂多变的网络安全环境下,恶意攻击和网络威胁不断增加,对网络流量进行深入分析和获取有关威胁情报成为有效应对的关键。

5.3.1 网络流量分析

网络流量分析是指通过对数据进行抓取、重组和解码等操作,了解网络中数据的来源、去向、类型和内容,从而发现异常流量和潜在威胁。通过网络流量分析,可以帮助网络管理员实时监测网络的状态,并及时发现异常行为。

1. 网络流量分析的基本原理

(1)网络流量分析的功能。网络流量分析具有以下功能:
- 流量监测:实时监测网络流量的速率、流量趋势、协议分布等。
- 异常检测:识别异常的网络行为,如 DoS 攻击、蠕虫病毒传播等。
- 流量分析:分析网络流量的来源、目的、传输内容等信息。
- 流量整形与优化:根据分析结果对网络流量进行整形或优化,提高网络性能。
- 安全审计:为网络安全审计提供数据支持,帮助发现潜在的风险。

(2)网络流量分析的工作原理与技术基础。
- 数据捕获:通过在网络中部署数据捕获设备,如交换机或路由器,可捕获通过网络的数据。
- 协议解析:根据数据的协议类型和应用层协议,将其解析为可读的信息。
- 流量分类与统计:根据数据的属性和特征,对其进行分类并统计流量。
- 流量分析技术:利用流量分析技术,如特征匹配、协议分析、流量聚类等,可对网络流量进行深入分析。
- 大数据处理:对于海量的网络流量,可利用大数据处理技术进行存储、分析和处理。
- 可视化技术:将网络流量以图形、图表等形式展示,便于理解和分析。

(3)常见网络流量分析工具的分类与特点。常见的网络流量分析工具主要包括以下几类:

- 开源工具：如 Wireshark、TCPDUMP 等，这些工具功能强大且免费，适用于个人和中小型企业，但需要使用者具备一定的技术基础和经验。
- 商业工具：如 Sniffer Pro、Network Monitor 等商业软件，可提供更高级的功能和用户界面，适合大型企业和专业人士使用，但需要购买许可证。
- 基于云计算的网络流量分析服务：如 AWS CloudWatch、Azure Network Watcher 等，这些服务将网络流量传输到云平台进行分析，用户可以通过 Web 浏览器进行查看和管理，适用于需要进行大规模网络流量分析的企业。
- 专业安全工具：如 NIDS/NIPS、SIEM 系统等安全产品，集成了网络流量分析功能，并提供了实时监测、报警响应等功能，适用于对安全需求较高的企业。

2. 网络流量分析的实践应用

（1）网络流量分析在网络监测中的应用。网络流量分析在网络监测中发挥着重要的作用，通过实时监测网络流量，可以了解网络的运行状况，发现异常行为和潜在的威胁。网络流量分析在网络监测中的应用主要体现以下几个方面。

- 流量趋势分析：通过实时监测网络流量，分析流量的变化趋势，可帮助网络管理员了解网络的负载状况和性能瓶颈。
- 异常流量检测：识别异常流量，如 DoS 攻击、蠕虫病毒传播等，及时报警并采取相应的防御措施。
- 流量整形与优化：根据网络流量的分析结果，对流量进行整形或优化，提高网络性能和用户体验。
- 应用层协议监测：深入分析应用层协议，了解应用层的流量特征和行为模式，优化应用层的性能和用户体验。

（2）利用网络流量分析识别威胁与异常行为。网络流量分析是识别威胁与异常行为的重要手段之一。通过捕获和分析网络流量，可以发现潜在的攻击行为、恶意软件活动、异常行为等。利用网络流量分析识别威胁与异常行为主要包括以下几个方面。

- 特征匹配与模式识别：通过对捕获到的网络流量与已知的威胁特征进行匹配，可快速识别恶意网络流量和攻击行为。
- 协议分析：深入分析协议层的数据，可发现异常的协议行为和潜在的威胁。
- 流量聚类与行为分析：通过对网络流量进行聚类，并分析网络流量的来源、目的、传输内容和行为模式，可发现异常网络流量和潜在的威胁。
- 用户行为分析：通过对用户网络行为进行监测和分析，可发现异常行为和潜在的威胁，如未经授权的访问、数据泄露等。

（3）网络流量分析在网络故障排除中的应用。网络故障排除是网络管理中的一项重要任务，在网络故障排除中具有重要的作用。通过分析网络流量，可以快速定位网络故障的原因，有助于制定相应的解决方案。网络流量分析在网络故障排除中的应用主要体现在以下几个方面。

- 故障定位：通过对网络流量进行实时监测和分析，可快速定位网络故障的原因，如丢包、延时、拥塞等。
- 故障类型识别：根据网络流量的特征和异常行为模式，可识别不同类型的故障，如硬件故障、软件故障、配置错误等。
- 故障排除建议：根据网络流量的分析结果，可制定相应的故障排除建议和方法，有助于网络管理员快速解决网络故障。
- 故障预防与监测：通过对网络流量进行长期的监测和分析，可以发现潜在的网络故障隐患。

3. 网络流量分析的性能优化

（1）选择合适的网络流量分析工具与技术。为了提高网络流量分析的性能，需要选择合适的网络流量分析工具与技术。以下是选择网络流量分析工具与技术的建议。

- 根据需求选择：根据实际需求，选择功能强大且适合的网络流量分析工具。对于大型企业或数据中心，可能需要商业工具；对于小型企业或个人使用，开源工具可能是一个经济实惠的选择。
- 考虑可扩展性：选择具有良好扩展性的工具，以便随着网络流量的增长轻松地添加更多的功能。
- 集成其他安全组件：考虑对网络流量分析工具与其他安全技术（如防火墙、入侵检测系统等）进行集成，以提高网络的整体安全性。
- 利用新技术：关注新兴的网络流量分析技术和工具，如基于人工智能和大数据处理的分析方法，以保持技术的领先优势。

（2）优化网络流量分析的性能指标与参数。为了提高网络流量分析的性能，需要关注以下几个关键指标与参数。

- 数据捕获速度：优化数据捕获设备的性能，确保能够快速捕获通过网络的数据。
- 处理速度与效率：提高网络流量分析工具的处理速度和效率，降低延时和资源消耗。
- 内存使用与存储：合理配置内存和存储资源，确保大规模网络流量的快速处理和分析。
- 协议解析能力：优化协议解析算法和规则，提高协议解析的速度和准确性。
- 并发处理能力：提高并发处理能力，以应对高并发的网络环境。
- 算法优化：采用高效的算法和数据处理技术，如并行处理、流式处理等，从而提高网络分析的性能。

（3）制定网络流量分析的性能优化策略与步骤。为了优化网络流量分析的性能，需要制定详细的性能优化策略和步骤。

- 需求分析：明确网络流量分析的需求和目标，确定性能优化的重点和方向。
- 工具选择：根据需求分析结果，选择合适的网络流量分析工具和技术。
- 资源配置：合理配置资源，确保有足够的性能来支持网络流量分析。
- 参数调优：根据实际运行情况，对网络流量分析工具的参数进行调优，以提高性能。
- 负载均衡：在多节点或分布式环境下，需要实现负载均衡，确保各个节点都能充分利用资源。
- 定期维护与更新：定期对网络流量分析工具进行维护和更新，以修复可能的性能问题并保持其高效运行。
- 性能监测与度量：建立性能监测机制，定期度量网络流量分析的性能指标，以便及时发现问题并进行调整。

4. 网络流量分析的未来发展

（1）未来网络流量分析技术的创新与趋势。随着网络技术的不断发展和威胁的不断演变，网络流量分析技术也在不断创新和进步。以下是网络流量分析技术的创新与趋势。

- 人工智能：利用人工智能可实现对网络流量的自动学习和模式识别，提高异常检测和威胁识别的准确性。
- 深度学习：通过构建深度学习模型，对网络流量进行更深入的分析和理解，发现潜在的威胁和异常行为。
- 大数据处理与分析：利用大数据技术可实现对大规模网络流量的快速处理、存储和分析，提供更全面的流量分析视角。
- 隐私保护：随着对个人隐私保护的关注度提高，网络流量分析技术将更加注重隐私保护，如采用差分隐私、加密等技术。
- 云原生技术：结合云原生技术，可实现网络流量分析服务的快速部署、弹性扩展和自动化运维。

（2）网络流量分析在网络架构中的重要性与作用。随着网络威胁的不断演变，网络流量分析在网络架构中的重要性与作用日益凸显。以下是一些关键点：

- 实时监测与预警：通过实时监测网络流量，可及时发现异常行为和威胁，有助于构建预警和快速响应机制。
- 全面审计与溯源：对网络流量进行全面审计和分析，追溯网络行为的来源、目标和过程，可提供有力的证据支持。
- 防御深度增强：结合流量分析与其他安全技术（如防火墙、入侵检测系统等），可构建更为完善的防御体系。
- 智能决策支持：通过对网络流量进行深入分析，可为网络管理员提供智能决策支持，有助于优化网络安全策略。
- 安全服务整合：将网络流量分析与安全服务整合，可为用户提供一体化的安全解决方案。

（3）网络流量分析技术面临的挑战与机遇。随着技术的发展和威胁的不断演变，网络流量分析技术面临着以下挑战与机遇。

- 数据增长与处理难度：随着网络流量的爆炸式增长，如何高效处理和分析大规模网络流量成为一个重要挑战。但这也为网络流量分析技术的发展提供了机遇，可通过技术创新提高数据处理能力和效率。
- 技术更新换代的挑战：随着新技术（如5G、物联网等）的普及和应用，网络流量的特征和行为模式将发生变化，这要求网络流量分析技术不断更新换代，以适应新的网络环境。但这也为新技术在网络流量分析中的应用提供了机遇。
- 隐私保护与合规性要求：随着对个人隐私保护的关注度提高，如何在分析网络流量时保护用户隐私成为一项重要挑战。但这也促进了隐私保护技术的发展，为网络流量分析领域提供了新的发展方向。
- 安全人才短缺：当前网络安全领域面临着人才严重短缺的问题，这影响了网络流量分析技术的普及和应用效果。为了应对这一挑战，需要加强网络安全教育和培训，培养更多的网络安全人才。同时，这也为网络安全行业的发展提供了机遇。

5.3.2 威胁情报

威胁情报是指对网络威胁和攻击的信息进行收集、分析和整理，以获取有关威胁来源、攻击方式和攻击手段等情报。威胁情报可以帮助企业或组织了解当前的威胁态势和攻击趋势，从而采取针对性的安全措施和防御策略。威胁情报在网络安全中的应用如图5-12所示。

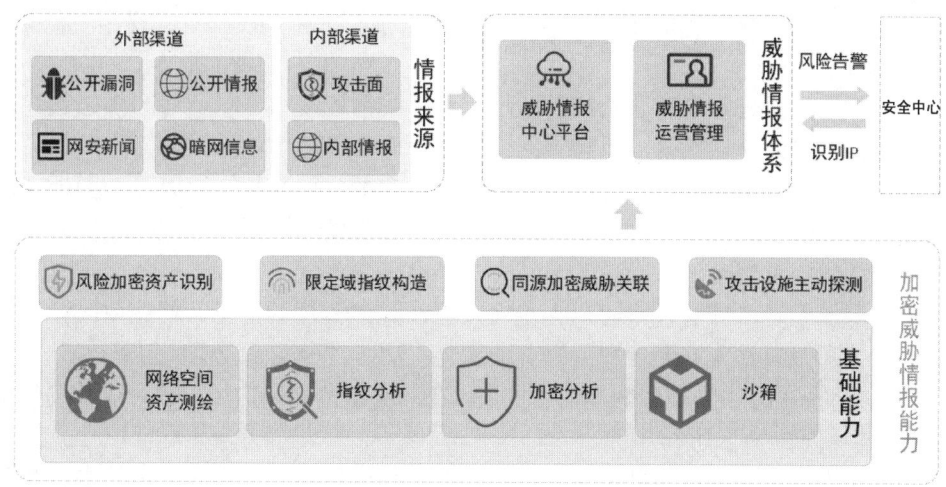

图 5-12　威胁情报在网络安全中的应用

1. 威胁情报的收集与分析

（1）威胁情报的定义与重要性。威胁情报是一种基于证据的知识，用于描述潜在的、当前的或即将发生的网络威胁，提供了关于威胁来源、使用的工具、技术、战术和安全漏洞利用的详细信息，从而帮助企业或组织预防、检测和应对网络攻击。

威胁情报对于企业或组织的网络安全来说具有重要意义。威胁情报提供了关于威胁的实时信息和上下文，通过了解威胁的性质和来源，企业或组织可以更好地评估风险、制定安全策略、部署防御措施，并采取适当的行动来应对威胁。

（2）威胁情报的来源与收集方法。威胁情报的来源包括安全设备日志、网络流量、外部情报共享平台、安全社区和第三方情报提供商等。此外，开源情报（Open Source Intelligence，OSINT）也是威胁情报的重要来源之一，它可以通过社交媒体、新闻网站和其他公开可用的资源获取。

常见的威胁情报收集方法包括安全设备日志分析、网络流量监测和分析、情报共享和社交媒体监测等。此外，还可以使用SIEM系统来集中收集、分析和存储来自不同来源的日志和报警信息。

（3）威胁情报的分析技术与实践。威胁情报的分析是整个威胁情报周期中至关重要的一环。常见的威胁情报分析技术包括关联分析、统计分析、可视化分析和情境感知分析等。关联分析是指根据事件之间的相关性，识别出潜在的威胁和攻击路径；统计分析是指利用统计学原理对大量数据进行深入分析，发现异常行为和潜在威胁；可视化分析是指通过图形化方式展示数据，帮助分析师更好地理解和呈现信息；情境感知分析是指利用情境信息（如企业或组织的业务需求、安全策略等）来指导情报分析工作。

在实践中，威胁情报的分析通常需要由一支专业的团队来完成。这个团队需要具备扎实的网络安全知识和技能，以及良好的数据分析能力和业务知识，需要定期收集、整理和分析威胁情报，并根据分析结果提供相应的安全建议和应对措施。此外，在实践中，威胁情报分析还需要与其他安全技术（如防火墙、入侵检测系统等）进行整合，以提高整个企业或组织的安全防御能力。

2. 威胁情报在网络架构中的作用

（1）威胁情报在预防威胁中的应用。威胁情报在预防威胁中发挥着重要作用，主要体现在以下几个方面。

- 早期预警：通过收集和分析威胁情报，可以提前发现潜在的威胁和攻击趋势，为企业或组织提供早期预警，使其有足够的时间采取预防措施。
- 风险评估：结合企业或组织的内部信息和收集的威胁情报，可以更全面地评估企业或组织面临的风险。这种基于情报的风险评估有助于企业或组织制定更为精确和有针对性的安全策略。
- 安全漏洞管理：威胁情报可以为企业或组织提供漏洞的信息，使企业或组织能够优先修补那些被恶意行为者利用的安全漏洞，从而减少受到攻击的可能性。

（2）威胁情报在网络监测和响应中的价值。在网络监测和响应中，威胁情报提供了重要的支持，主要体现在以下几个方面。

- 检测恶意行为：利用威胁情报，安全团队可以配置网络监测工具以检测特定的恶意行为模式。这有助于及时发现并应对正在进行的攻击。
- 加速响应：当检测到与威胁情报相关的活动时，企业或组织可以迅速采取行动，如隔离受影响的系统、阻断恶意连接等，从而最小化潜在的危害。
- 情境感知：威胁情报为安全团队提供了攻击者的背景信息、使用的工具和技术等，有助于团队更好地理解攻击的上下文，从而制定更为有效的响应策略。

（3）威胁情报对安全策略和措施的影响及优化。威胁情报不仅直接影响企业或组织的安全策略和措施，还能促进这些策略和措施的优化。

- 策略调整：基于收集到的威胁情报，企业或组织可以定期审查和调整其安全策略，确保安全策略适用于当前的威胁环境。
- 技术选型和配置：威胁情报可以为企业或组织提供关于恶意软件、安全漏洞利用和攻击技术的最新信息，这些信息有助于企业或组织选择合适的安全技术并进行适当的配置，从而提高安全防御的效果。
- 资源优化：通过威胁情报，企业或组织可以更好地了解其面临的风险，并据此优化安全资源的分配。这有助于将资源集中在最需要的地方，提高安全投资的回报率。

3. 威胁情报的共享

（1）威胁情报共享的意义与目标。随着网络攻击的复杂性和隐蔽性不断提高，企业或组织很难依靠自身的力量全面了解和应对所有威胁。通过威胁情报的共享，企业或组织可以汇聚各方力量，共同应对威胁，提高整个行业的安全防御能力。威胁情报共享的目标包括提高信息安全意识、加强协同防御、减少风险、降低整体成本等。通过实现这些目标，企业或组织可以更好地抵御网络攻击，保护关键资产和数据的安全。

（2）威胁情报共享的机制与平台。为了实现威胁情报的共享与合作，需要建立有效的机制与平台。建立威胁情报共享机制的关键在于制定明确的标准、流程和规范，包括确定共享的范围、方式和频率，建立信任关系，以及制定相应的政策和流程。此外，还需要建立有效的沟通渠道和协作机制，以确保各方能够及时交流和分享威胁情报。

为了方便威胁情报的共享，可以建立专门的平台或使用现有的平台。这些平台应该具备数据存储、处理、查询和分析等功能，支持多种数据格式和协议，并具备良好的可扩展性和可靠性。此外，这些平台还应该提供安全可靠的身份认证和访问控制功能，以确保共享的威胁情报不会被未经授权用户访问或滥用。

（3）威胁情报共享的最佳实践。企业或组织应该根据自身的业务需求和安全状况选择适合的威胁情报共享方式。威胁情报共享的最佳实践包括：明确共享目标和范围、建立信任关系、制定详细的流程、选择可靠的平台和服务提供商、确保合规性和隐私保护等。

通过威胁情报的共享，企业或组织能够更好地应对高级持续威胁（APT）攻击、勒索软件攻击和其他复杂的网络攻击。例如，某企业通过与安全厂商和其他企业或组织合作，成功地检测并抵御了一次大规模的网络攻击，这次成功的合作得益于明确的共享目标、高效的沟通渠道和强大的威胁情报分析能力。

4. 威胁情报的未来发展

（1）威胁情报技术的创新与趋势。随着技术的不断进步，威胁情报领域也在不断发展。以下是威胁情报技术的创新与趋势。

- 大数据分析：随着数据的爆炸式增长，大数据技术为威胁情报分析提供了强大的支持。通过大数据分析，可以更全面地收集和挖掘网络流量、日志数据等信息，从而更准确地识别和预测威胁。
- 人工智能：人工智能在威胁情报领域的应用日益广泛，可自动分类并识别异常行为，提高威胁情报的准确性和响应速度。
- 云计算与分布式存储：云计算和分布式存储技术的发展为威胁情报的存储和处理提供了更加灵活和可靠的平台，使得企业或组织可以更加高效地共享威胁情报。
- 隐私保护与合规性：随着对个人隐私保护的关注增加，威胁情报的收集和分析需要更加重视合规性和隐私保护。未来的威胁情报技术将在提供有效威胁情报的同时更加注重个人隐私的保护。

（2）威胁情报在网络架构中的重要性与作用。

- 提升预防能力：通过及时获取和准确分析威胁情报，企业或组织可以更好地预防潜在的网络攻击，减少受到攻击的风险。
- 提高检测和响应速度：威胁情报可以帮助企业或组织快速检测异常行为和恶意活动，并采取相应的措施进行处置，减少潜在的损失。
- 优化安全策略和资源配置：基于威胁情报的风险评估可以帮助企业或组织优化安全策略和资源配置，确保安全投资更加高效。
- 促进跨企业或组织合作与协同防御：通过共享威胁情报，企业或组织可以加强与其他企业或组织的合作，共同应对复杂的网络威胁，提高整个行业的安全防御能力。

（3）威胁情报在未来发展中面临的挑战与机遇。随着技术的发展和网络威胁的不断演变，威胁情报在未来发展中面临着一些挑战，但也存在许多机遇。

威胁情报在未来发展中面临的挑战如下：

- 数据泛滥与信息过载：随着数据源的增加，大量无关或低质量的数据可能导致信息过载，影响威胁情报的有效性。
- 隐私保护与合规性：在收集和分析威胁情报时，需要平衡隐私保护、合规性和安全性之间的关系。
- 技术和人才短缺：随着技术的快速发展，缺乏具备相关技能的人才可能成为威胁情报未来发展的瓶颈。

威胁情报在未来发展中的机遇如下：
- 持续创新与发展：随着技术的不断创新与发展，威胁情报领域将有更多的机会改进现有的方法和工具，从而提高威胁情报的质量和准确性。
- 跨行业合作与共享：随着企业或组织间合作的加强，不同行业之间的威胁情报共享将有助于提高整个社会的安全防御能力。
- 预测性分析和预防策略：通过大数据分析和机器学习等技术，威胁情报将更加强调预测性分析和预防策略，从而减少潜在的损失和风险。

结语

网络流量分析可以帮助企业或组织实时监测和分析网络流量，及时发现异常行为和威胁。威胁情报的收集与分析可以为企业或组织提供有关网络威胁的信息，帮助企业或组织了解当前的威胁态势，采取相应的防御措施。

5.4 本章小结

本章主要介绍网络与边界安全的相关技术和措施。在数字化时代，网络与边界安全成为企业或组织确保信息安全的重要保障，通过构建稳固的网络架构、采用合适的边界防御与入侵检测措施，企业或组织能够有效保护其网络免受各类网络攻击和威胁。

首先，本章介绍了网络架构的设计原则，主要包括综合性原则、分层原则和灵活性原则等内容。

其次，本章介绍了边界防御与入侵检测，主要包括防火墙、入侵检测系统与入侵防御系统、安全网关等内容。

最后，本章介绍了网络流量分析与威胁情报的相关技术与措施。

在实践中，我们鼓励企业或组织根据自身的具体情况和安全需求，结合本章所提供的方法和策略，建立高效、灵活、可靠的网络架构，以确保网络环境的安全运行和信息资产的安全。只有通过综合防御和持续监测，才能更好地应对日益复杂的网络威胁和攻击，保障网络的稳定和安全。

第 6 章 应用系统与数据安全

本章主要探讨应用系统与数据安全在信息安全体系中的作用以及相关技术。在数字化时代,应用系统和数据已成为企业或组织运作的核心和支撑,同时也成为网络攻击的主要目标。本章将探讨应用系统安全设计与开发、数据保护与加密技术,以及应用系统安全测试与安全漏洞管理等内容,旨在帮助读者全面了解应用系统与数据安全的重要性以及相关的技术与措施。

只有确保应用系统和数据的安全,企业或组织才能在数字化时代充分发挥其潜力,保护敏感信息不被泄露或滥用。

6.1 应用系统安全设计与开发

引言

随着信息技术的快速发展,应用系统也面临着越来越多的安全挑战。黑客的攻击手段日益复杂、恶意软件不断演变、数据泄露事件频频发生,给企业或组织的安全、业务连续性和声誉带来巨大威胁,因此应用系统安全设计与开发的重要性日益凸显。本节将详细介绍应用系统安全设计与开发的重要性及实践,为读者构建安全可靠的应用系统提供全面的指导。

6.1.1 应用系统安全设计与开发的重要性

应用系统的安全性不仅关系到企业或组织的日常运营和业务安全,更关系到用户的隐私保护和个人数据安全。如今,应用系统不仅面向内部员工和客户,还可能面向全球用户,因此应用系统的安全问题可能涉及全球范围。在这样的背景下,应用系统安全设计与开发的重要性凸显,主要表现在以下几个方面。

(1)预防安全漏洞。应用系统中的安全漏洞可能导致黑客入侵、数据泄露、服务拒绝等严重后果。在应用系统设计和开发的早期阶段,就应当考虑安全因素,这样可预防安全漏洞的产生。

(2)保护用户隐私。应用系统需要采取有效的安全措施,保护用户隐私,防止用户隐私被恶意获取和利用。

(3)提高系统稳定性。安全漏洞和攻击可能导致应用系统的崩溃和故障,影响企业或组织业务的连续性。在应用系统安全设计和开发中,合理规避风险,有助于提高应用系统的稳定性和可靠性。

（4）降低风险。应用系统中的安全漏洞和弱点可能会导致企业或组织遭受经济损失、声誉损害，甚至面临法律责任。在应用系统安全设计和开发中关注安全因素，可以降低企业或组织面临的风险。

6.1.2 应用系统安全设计与开发的实践方法

为了确保应用系统在设计和开发阶段具备高度的安全性，开发人员应采用一系列实践方法来考虑安全因素。以下是应用系统安全设计与开发的主要实践方法。

（1）安全需求分析。安全需求分析是应用系统安全设计的基础。在设计应用系统之前，开发人员应与业务相关方充分沟通，了解应用系统的安全需求和预期的安全目标。通过与利益相关方合作，明确的安全需求，有助于应用系统满足业务和安全方面的要求。

（2）安全架构设计。安全架构设计是应用系统安全设计的核心。在设计应用系统架构时，应当将安全性作为重要的考虑因素。通常，采用分层架构、防火墙、安全网关等安全措施，可隔离风险，从而提高应用系统的安全性。应用系统的安全架构如图 6-1 所示。

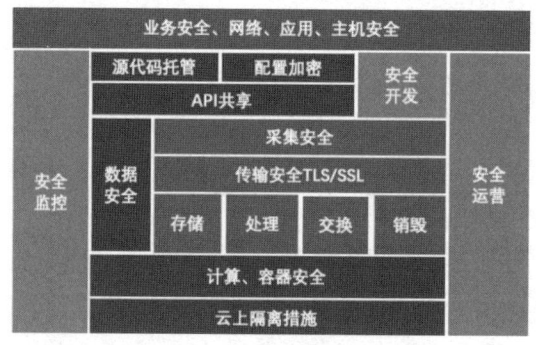

图 6-1 应用系统的安全架构

（3）安全编码。安全编码是防范应用系统安全漏洞的重要手段。开发人员应遵循安全编码规范，使用安全的编程语言和框架，并避免使用不安全的函数和方法。

（4）安全测试。安全测试是发现和修复应用系统安全漏洞的关键步骤。通过静态代码分析、动态安全测试、黑盒测试等，可以发现应用系统中存在的风险，并及时进行修复。安全测试流程如图 6-2 所示。

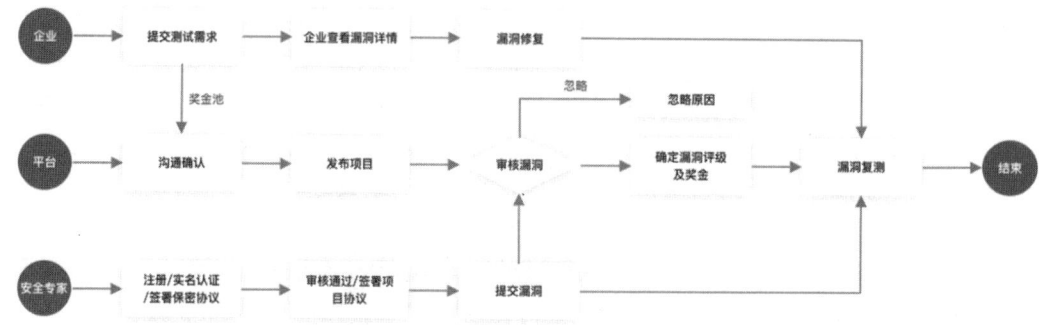

图 6-2 安全测试流程

（5）信息安全意识培训。信息安全意识培训是加强开发人员信息安全意识的有效手段，定期开展信息安全意识培训，可帮助开发人员了解最新的威胁和攻击方式，提高他们对安全问题的认识。

> **结语**
>
> 在数字化时代，应用系统面临着日益复杂和多样化的威胁。在实践中，开发人员应遵循安全需求分析、安全架构设计、安全编码、安全测试、信息安全意识培训等一系列实践方法，将信息安全意识融入整个应用系统设计与开发的过程中。

6.2 数据保护与加密技术

> **引言**
>
> 在数字化时代，数据已成为企业或组织最宝贵的资产之一。随着数据规模的不断增大和数据价值的不断提升，数据安全变得尤为重要。数据泄露、数据丢失和数据篡改等问题会给企业或组织造成巨大的损失，因此数据保护与加密技术成为应用系统中不可或缺的一环。本节将介绍数据保护的重要性、数据加密技术、数据保护的最佳实践等内容，旨在提供全面的数据安全指导。

6.2.1 数据保护的重要性

数据保护是指通过合适的技术和措施，确保数据在存储、传输和处理过程中不受未经授权的访问与篡改。数据保护的重要性主要体现在以下几个方面。

（1）保护企业或组织资产。数据作为企业或组织最重要的资产之一，是企业或组织运营和业务实施的基石。数据泄露或数据丢失可能导致企业或组织重要信息的外泄，对企业或组织的财产安全和声誉造成损害。

（2）遵守法规和合规性。许多行业都有涉及敏感数据的法规和合规性要求，如个人隐私保护、医疗信息保护等，企业或组织需要采取措施保护数据，以符合相关法规和合规性要求。

（3）保护用户隐私。用户隐私是非常敏感的数据，企业或组织需要采取措施保护用户隐私，避免个人信息被泄露和滥用。

（4）保护业务连续性。数据丢失或数据篡改可能导致业务中断，影响企业或组织的业务连续性。通过数据备份和数据完整性保护，可以确保业务的持续运行。

6.2.2 数据加密技术

数据加密技术是保护数据安全的重要手段之一。数据加密可将明文数据转换成密文数据，使未经授权的用户无法理解其内容。只有经过授权的用户持有相应的密钥，才能对密文进行解密，将密文还原成明文。数据加密技术的核心在于保护密钥的安全性，确保只有授权用户才能访问数据。

（1）对称加密与非对称加密。数据加密技术主要分为对称加密和非对称加密两种。对称加密使用相同的密钥进行加密和解密，加密和解密速度较快，但需要确保密钥的安全传输。非对称加密使用一对密钥，公钥用于加密，密钥用于解密，加密和解密速度较慢，但不需要传输密钥，安全性较高。对称加密的原理如图6-3所示，非对称加密的原理如图6-4所示。

图6-3 对称加密的原理

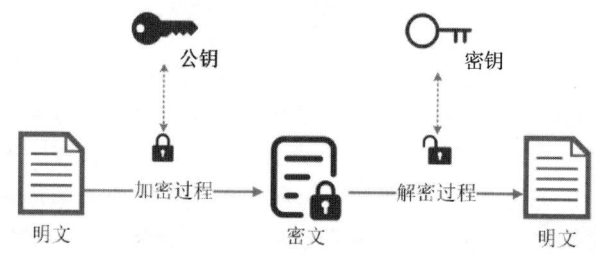

图6-4 非对称加密的原理

（2）混合加密。为了克服对称加密和非对称加密的缺点，通常采用混合加密的方式。混合加密结合了对称加密和非对称加密的优点，可提供更高的安全性和效率。混合加密的原理如图6-5所示。

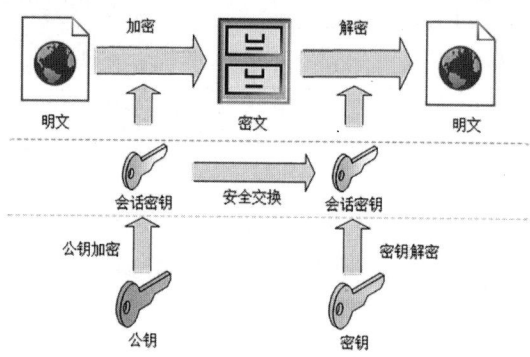

图6-5 混合加密的原理

数据加密技术广泛应用于数据存储和数据传输。在数据存储方面，对重要的数据进行加密，可确保即使数据泄露，未经授权的用户无法访问数据中的敏感信息。在数据传输方面，通过数据加密技术可保护数据在网络传输过程中的安全性，防止数据被窃取或篡改。

6.2.3 数据保护的最佳实践

为了确保数据的安全性，企业或组织需要采取一系列最佳实践方法来保护数据。以下是数据保护的最佳实践。

（1）数据分类与分级。根据数据的敏感程度和重要性，对数据进行分类与分级。对不同级别的数据，采取不同的安全措施和加密策略。数据分类与分级的流程如图 6-6 所示。

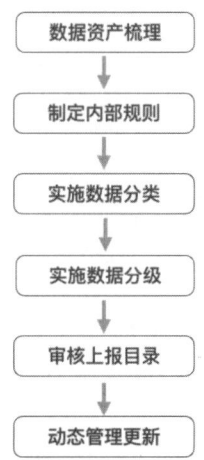

图 6-6　数据分类与分级的流程

（2）密钥管理。密钥是数据加密的核心，密钥的安全性对数据保护至关重要。企业或组织需要建立完善的密钥管理制度，确保密钥的生成、分发、存储和销毁都得到有效的保护。密钥管理服务如图 6-7 所示。

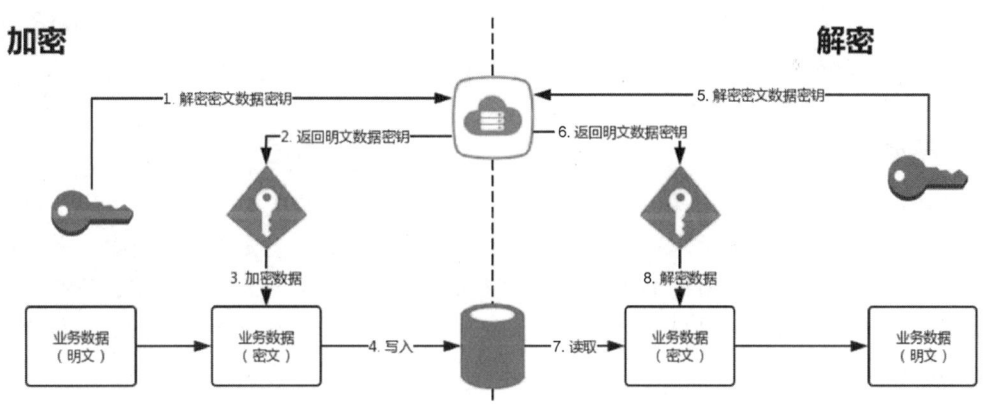

图 6-7　密钥管理服务

（3）数据备份与恢复。定期进行数据备份，可确保数据在遭受灾难性事件时能得到及时恢复。同时，备份数据也需要进行加密保护，防止备份数据被恶意访问。数据备份与恢复示意图如图 6-8 所示。

（4）数据传输加密。在数据传输过程中，采用 SSL/TLS 协议可保护数据在传输过程中的安全性。SSL/TLS 协议网络模型如图 6-9 所示。

（5）数据加密技术。对重要数据进行加密，可确保在数据被盗或泄露的情况下，未经授权的用户无法访问敏感信息。

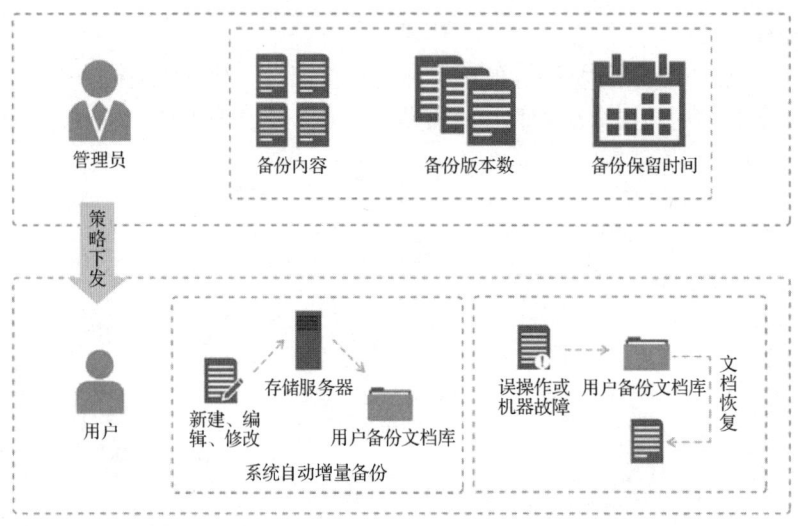

图 6-8 数据备份与恢复示意图

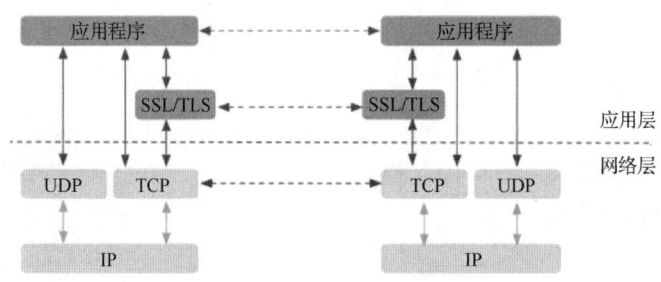

图 6-9 SSL/TLS 协议网络模型

> **结语**
>
> 数据保护与加密技术是确保数据安全的重要手段,也是信息安全体系中不可或缺的一环。随着数据规模的不断增大和数据价值的不断提升,数据安全变得尤为重要。企业或组织需要深入理解数据保护的重要性,掌握数据保护与加密技术的原理与应用,并采取一系列最佳实践方法来保护数据安全。只有如此,才能有效应对日益复杂的数据安全挑战,确保数据在数字化时代的安全。

6.3 应用系统安全测试与安全漏洞管理

> **引言**
>
> 应用系统安全测试与安全漏洞管理是保障应用系统安全的重要环节。在数字化时代,应用系统的复杂性不断增加,网络攻击的威胁日益严峻,为了保障应用系统的安全性,必须采取一系列有效的应用系统安全测试与安全漏洞管理措施,及时发现并修复潜在的安全漏洞,确保应用系统免受攻击和威胁。本节将介绍应用系统安全测试的重要性、应用系统安全测试方法,以及安全漏洞管理的最佳实践。

6.3.1 应用系统安全测试的重要性

应用系统安全测试是指对应用系统进行一系列测试和评估，以发现和修复其中的安全漏洞和风险。应用系统安全测试的重要性体现在以下几个方面：

（1）预防安全漏洞。应用系统安全测试可以帮助企业或组织在应用系统上线之前，及时发现和修复潜在的安全漏洞和风险，避免安全漏洞被黑客利用。

（2）提高信息安全意识。应用系统安全测试可以提高开发人员和测试人员对安全问题的认识和敏感性，增强企业或组织的信息安全意识和信息安全文化。

（3）降低风险。应用系统安全测试可以减少应用系统被攻击的风险，降低企业或组织因安全事件造成的损失。

（4）合规性要求。许多行业都有应用系统安全的合规性要求，如金融行业的 PCI DSS、医疗行业的 HIPAA 等，应用系统安全测试可以帮助企业或组织满足不同行业的合规性要求。

6.3.2 应用系统安全测试的方法

为了保障应用系统的安全性，企业或组织需要采取多种应用系统安全测试方法来发现和修复安全漏洞。以下是常见的应用系统安全测试方法。

（1）静态代码分析。静态代码分析是一种在代码编译阶段对源代码进行分析的方法，以发现潜在的安全漏洞和缺陷。静态代码分析可以帮助开发人员发现代码中的安全问题，并及时进行修复。静态代码分析的工作原理如图 6-10 所示。

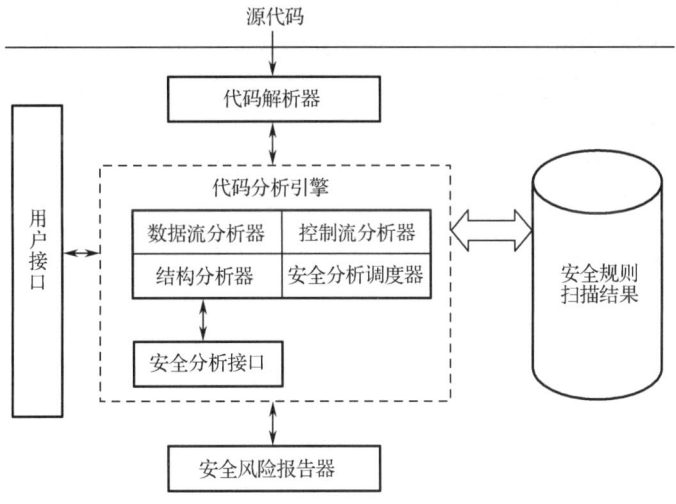

图 6-10 静态代码分析的工作原理

（2）动态应用系统安全测试。动态应用系统安全测试是一种在应用系统运行时对其进行测试和评估的方法。通过模拟黑客攻击，动态应用系统安全测试可以发现应用系统的安全漏洞和弱点。

（3）Web 应用系统安全测试。Web 应用系统是网络攻击的主要目标，因此对 Web 应用系统进行安全测试尤为重要。Web 应用系统安全测试可以发现 Web 应用系统中的 SQL 注入、跨站脚本、跨站请求伪造等常见安全漏洞。

（4）移动应用系统安全测试。随着移动应用系统的普及，移动应用系统安全测试也变得越来越重要。移动应用系统安全测试可以发现移动应用中的安全漏洞和风险。

（5）渗透测试。渗透测试是一种模拟黑客攻击的方法，通过对应用系统进行渗透测试，可以发现应用系统的弱点和安全漏洞，并及时进行修复。渗透测试的工作原理如图 6-11 所示。

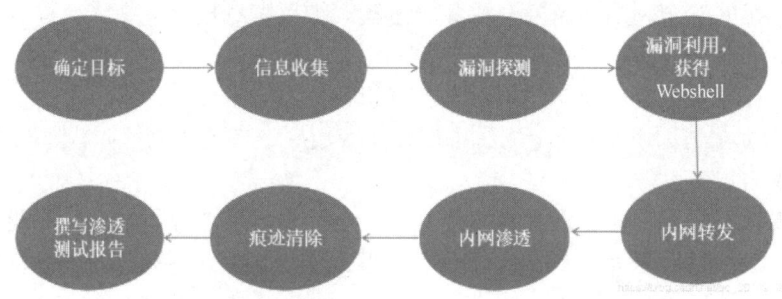

图 6-11　渗透测试的工作原理

6.3.3　安全漏洞管理的最佳实践

安全漏洞管理是应用系统安全测试的延续，是确保安全漏洞被及时发现并对其进行修复的关键环节。安全漏洞管理的最佳实践包括：

（1）安全漏洞评估与分类。对发现的安全漏洞进行评估和分类，确定安全漏洞的严重程度和影响范围。

（2）安全漏洞修复与补丁。对发现的安全漏洞及时进行修复，并部署相应的安全补丁。

（3）安全漏洞跟踪与管理。建立安全漏洞跟踪与管理制度，确保安全漏洞的修复过程得到有效管理。

（4）安全漏洞回归测试。在安全漏洞修复后进行回归测试，确保安全漏洞得到有效的修复。

（5）信息安全培训。向开发人员、测试人员和运维人员提供信息安全培训，增强他们对安全漏洞管理的重视。

 结语

应用系统安全测试与安全漏洞管理是保障应用系统安全的重要环节。通过采取有效的应用系统安全测试方法，及时发现并修复安全漏洞，可以降低应用系统被攻击的风险，确保企业或组织的信息资产安全。

6.4　本章小结

本章主要介绍应用系统与数据安全在信息安全领域的重要性，以及相关的设计原则和管理方法。随着信息技术的不断发展和应用范围的不断扩大，应用系统和数据的安全性日益成

为网络安全的关键问题。

首先，本章介绍了应用系统安全设计与开发，主要包括应用系统安全设计与开发的重要性、应用系统安全设计与开发的实践方法。

接着，本章介绍了数据保护与加密技术，主要包括数据保护的重要性、数据加密技术、数据保护的最佳实践。

最后，本章介绍了应用系统安全测试与安全漏洞管理，主要包括应用系统安全测试的重要性、应用系统安全测试的方法、安全漏洞管理的最佳实践。

本章重点关注应用系统与数据安全在信息安全中的重要性，并提供了一系列相关的设计原则和管理方法。保障应用系统和数据的安全是信息安全工作中的重要任务，只有在应用系统和数据层面上做好安全保障，才能全面提高企业或组织的整体安全性。通过深入理解本章内容，读者可以掌握应用系统与数据安全的关键技术和方法，为信息安全工作提供更加可靠和全面的保障。

第 3 部分
创新保障技术

随着信息技术的不断发展，数字化已经成为社会经济发展的主要趋势，数字化转型正在推动各行各业的发展。然而，数字化转型也面临着新的威胁和挑战，网络攻击、数据泄露、恶意软件等数字化风险给企业或组织带来了巨大的损失。为了有效应对这些威胁，数字安全体系必须不断创新和提升。

数字安全体系的创新保障手段具有重要的理论意义。首先，随着科技的不断进步，数字安全体系威胁也在不断演变，传统的安全手段已经无法满足对抗新型威胁的需求。数字安全体系的创新保障手段的引入，可以为数字安全体系提供新的理论基础和方法，推动信息安全领域的不断发展。其次，数字安全体系的创新保障手段涉及多学科的交叉与融合，涵盖了计算机、网络通信、密码学、人工智能等多个学科。这些跨学科的合作与创新，可以促进各领域之间的知识交流和技术共享，推动整个数字安全体系的快速发展。最后，数字安全体系的创新保障手段的研究与实践，可以为数字安全问题提供新的解决思路和方法，为数字化转型和信息化建设提供有力支持。

数字安全体系的创新保障手段在实践中具有重要意义。首先，数字安全体系的创新保障手段可以帮助企业或组织和个人及时应对新的威胁，提高信息系统和数据的安全性和可信性。在数字化转型的过程中，各类企业或组织面临着日益复杂的威胁，通过实施创新保障手段，可以提高企业或组织的安全防御能力，降低遭受攻击的风险。其次，数字安全体系的创新保障手段可以推动数字化转型和信息化建设的顺利进行。在数字化转型的过程中，信息安全是一个重要的考虑因素。通过采用创新保障手段，可以为数字化转型提供安全保障，促进数字化经济的发展和社会的进步。最后，数字安全体系的创新保障手段的实施可以提高国家的信息安全能力，保护国家的核心信息和关键基础设施的安全。

数字安全体系的创新保障手段不仅具有重要的理论意义，而且在实践中也具有重要的意义。数字安全体系的创新保障手段是当前数字化时代信息安全工作的重要任务，需要各方共同努力，不断探索和创新。

第 7 章
人工智能在信息安全中的应用

随着信息安全威胁的演变,传统的安全防御手段已经无法满足复杂多变的安全需求。人工智能的迅猛发展为信息安全提供了新的解决思路和方法。本章主要介绍人工智能在信息安全领域中的应用,主要内容涵盖基于人工智能的威胁检测与防御、数据分析与行为识别,以及人工智能在安全决策与响应中的作用。通过引入人工智能,可以提高信息安全的自动化、智能化水平,加强对威胁的预测与应对能力,为信息安全领域的发展带来全新的可能性。

7.1 基于人工智能的威胁检测与防御

引言

随着互联网的不断发展和普及,网络安全面临着日益复杂和多样化的威胁。传统的安全防御手段难以应对高级威胁和隐蔽攻击,因此引入人工智能成为信息安全领域的重要趋势。本节主要介绍基于人工智能的威胁检测与防御,带领读者了解如何利用人工智能来提高威胁检测和防御的效率与准确性,从而更好地保护网络安全。

7.1.1 人工智能在威胁检测与防御中的应用

7.1.1.1 威胁情报与情报共享

威胁情报对于有效地进行威胁检测与防御至关重要,其关键要素如图 7-1 所示。传统的威胁情报收集和分析通常是人工进行的,不仅耗时而且容易出现遗漏。引入人工智能可以实现威胁情报的智能化处理。人工智能可以从海量的数据中快速筛选出相关的威胁情报,并自动分析威胁情报中隐藏的关联和模式。此外,人工智能还可以根据历史数据和趋势来预测威胁的发展方向,帮助安全团队做好充分的准备和应对措施。

人工智能还可以促进威胁情报的共享与合作。不同的企业或组织往往面临相似的威胁,但由于信息孤岛的存在,难以及时获得最新的威胁情报。通过引入人工智能,可以建立联合威胁情报平台,实现威胁情报的共享与交流,从而提高网络安全生态系统的安全性。

图 7-1　威胁情报的关键要素

7.1.1.2　行为分析与异常检测

传统的安全防御往往依赖于预先定义的规则和策略，但这些规则和策略很难覆盖所有可能的威胁和攻击。新型的威胁往往采取隐蔽的方式进行攻击，预先定义的规则和策略很难发现这些新型的威胁。

通过人工智能学习正常的网络行为和活动模式，可实现智能化的行为分析和异常检测。基于人工智能和历史数据建立的基准模型，可对网络中的行为进行实时监测，当出现不符合基准模型的异常行为时，即可发出警报。这种基于行为分析的威胁检测可以识别出新型的和未知的威胁，从而提高安全防御的准确性。

7.1.1.3　自动的威胁应对与响应

威胁检测对于及时进行威胁应对和响应至关重要。人工智能可以在威胁检测的基础上，通过自动化工具实现自动的威胁应对与响应，如自动隔离感染主机、阻断恶意流量、更新安全策略等。人工智能还可以根据威胁的严重程度和影响范围，优先处理紧急的威胁，从而降低网络被攻击的风险。

7.1.2　人工智能在威胁检测与防御中的优势

7.1.2.1　高效性和准确性

人工智能可以实现大规模数据的智能处理和分析，快速识别潜在的威胁和异常行为。相比于传统的人工分析方法，人工智能在威胁检测中的处理速度更快、准确性更高，这有助于及时发现和应对威胁，减少潜在的风险。

7.1.2.2　自适应性和智能化

人工智能具有自适应性，可以不断学习和优化模型。随着时间的推移，人工智能可以智能化地调整模型，适应新型威胁的变化。这种自适应性和智能化可以增强威胁检测的适应性和灵活性，从而能够更好地应对未来的威胁。

7.1.2.3　实时响应和自动化

人工智能可以实现实时监测和实时响应，在发现威胁后立即采取行动，无须等待人工干预。这种实时响应和自动化不仅可以减少威胁对网络的损害，防止威胁扩散，还可以减轻安全人员的负担，使得安全人员更加专注于处理更复杂的安全问题。

7.1.3 人工智能在威胁检测与防御中的挑战与展望

尽管人工智能给威胁检测与防御带来了许多优势，但也面临着一些挑战。首先，人工智能本身也可能受到攻击，如对抗性攻击可能会欺骗人工智能，导致误报或漏报；其次，隐私和数据安全问题也需要得到重视，因为人工智能需要大量的数据，这些数据可能包含敏感信息。

**结语**

随着人工智能的发展，基于人工智能的威胁检测与防御将持续发展和完善，并涌现更多的创新和应用。安全人员需要深入研究和应用人工智能技术，从而更好地保护网络安全。通过人工智能的不断创新和发展，我们将建立更加智能、自适应、弹性的威胁检测与防御体系，为网络安全打造坚实的防线。

7.2 数据分析与行为识别

**引言**

在数字化时代，网络威胁日益复杂多变，传统的基于规则的威胁检测方法已经难以应对各类高级威胁。引入人工智能成为信息安全领域的重要发展方向。本节将介绍数据分析与行为识别，探讨如何利用人工智能准确快速地识别网络中的异常行为和威胁，提高威胁检测的效率和准确性。

7.2.1 数据分析与行为识别的基本原理

7.2.1.1 数据采集与预处理

数据分析与行为识别的第一步是采集网络中的数据，这些数据包括网络流量、系统日志、用户行为数据等。采集到的数据需要经过预处理，以确保数据的质量和准确性。数据预处理（见图 7-2）的好坏将直接影响行为识别的准确性和效果。

图 7-2　数据预处理

7.2.1.2 特征工程

特征工程是数据分析与行为识别中的重要环节。特征工程旨在从原始数据中提取有意义的特征,用于描述网络中的行为和状态。好的特征工程能够帮助模型更好地捕捉数据中的关键信息和模式。常用的特征包括网络流量特征(如包的大小、频率、方向)、系统调用序列、登录尝试次数等。特征工程的工作原理如图7-3所示。

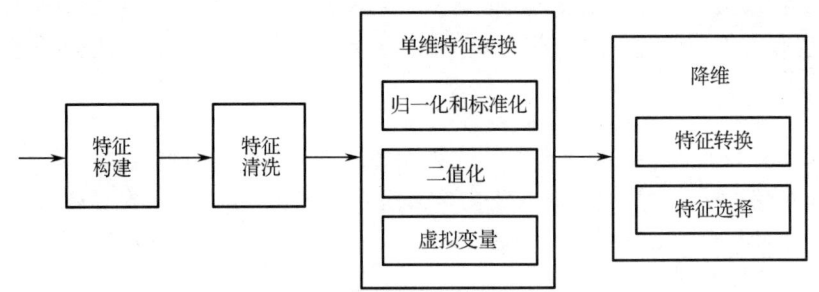

图7-3 特征工程的工作原理

7.2.1.3 模型的建立与训练

模型的建立与训练是数据分析与行为识别的核心步骤。在建立模型后,需要选择合适的人工智能算法对经过预处理的数据进行训练。常用的人工智能算法包括支持向量机(SVM)、决策树、随机森林、神经网络等。不同的人工智能算法有不同的适用场景和性能,因此选择合适的人工智能算法对模型的性能至关重要。模型的建立与训练如图7-4所示。

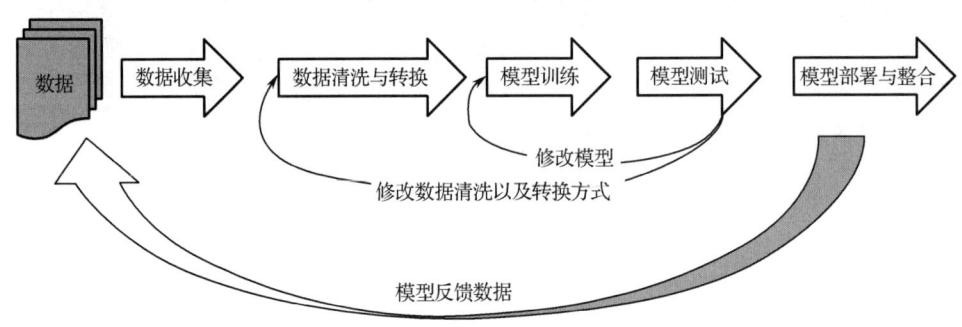

图7-4 模型的建立与训练

7.2.2 人工智能在数据分析与行为识别中的应用

7.2.2.1 异常行为检测

数据分析与行为识别的主要目标之一是识别网络中的异常行为。传统的异常检测方法通常是基于规则和阈值的,而这些方法很难应对复杂多变的异常行为。引入人工智能可以实现智能化的异常行为检测。通过对正常行为的学习,可以建立一个基准模型,当网络中出现与基准模型不一致的行为时,即可将这些行为判定为异常行为。基于人工智能的异常行为检测可以识别出新型和未知的异常行为,帮助网络管理员及时发现并应对潜在的威胁。

7.2.2.2 入侵检测

入侵检测是数据分析与行为识别中的重要任务。入侵检测旨在识别并阻止恶意攻击者进入系统，保护系统的安全和完整性。通过人工智能，入侵检测模型可以学习系统中正常的用户行为和系统活动，实现智能化的入侵检测。当出现异常行为或恶意活动时，入侵检测模型可以发出警报或自动阻断攻击，从而保护系统免受入侵。

7.2.2.3 威胁情报分析

威胁情报对于数据分析与行为识别至关重要。通过人工智能可以自动收集和分析威胁情报，发现潜在的威胁和攻击模式。通过对威胁情报进行智能分析，网络管理员可以及时了解威胁的来源、特征和趋势，从而制定相应的安全策略和防御措施。

7.2.3 人工智能在数据分析与行为识别中的挑战与展望

7.2.3.1 数据质量和数量

数据质量和数量直接影响人工智能模型的性能。数据质量不佳或数据量不足会导致人工智能模型训练不充分，影响人工智能模型的准确性和鲁棒性。解决这一问题需要改进数据采集和预处理的方法，同时收集更多的标注数据。将数据导入到人工智能模型的流程如图 7-5 所示。

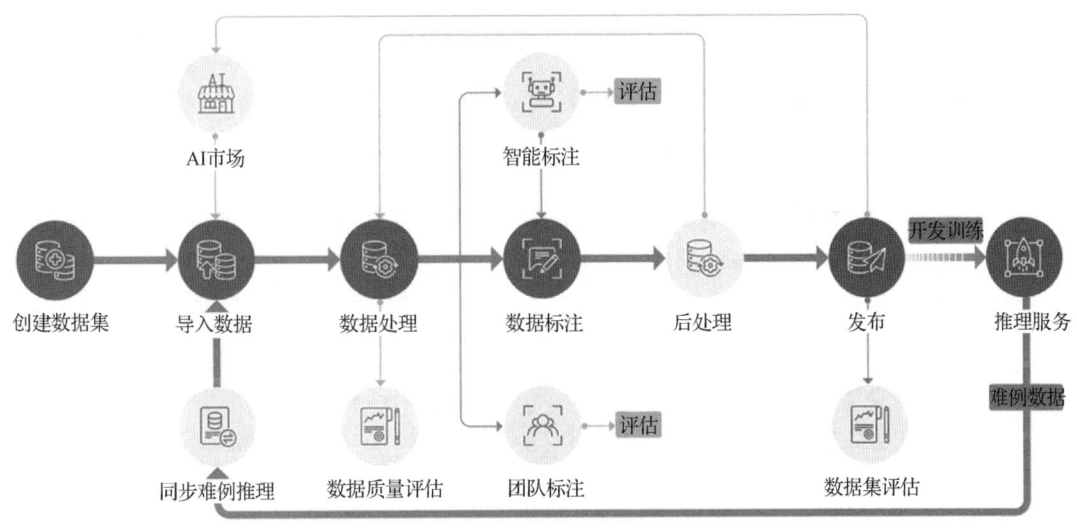

图 7-5 将数据导入到人工智能模型的流程

7.2.3.2 新型威胁的应对

随着网络威胁不断演变，人工智能模型需要及时适应新型威胁。传统的监督学习方法可能难以发现新型的威胁，因此需要采用更加灵活的无监督学习和半监督学习方法，以准确识别和防御新型威胁。

7.2.3.3 模型解释性

人工智能模型的解释性是数据分析与行为识别中的一个重要问题。安全专家需要理解人工智能模型的决策过程，以便对人工智能模型的判断和输出进行解释。因此，开发可解释性强的人工智能模型是未来的研究方向之一。

> **结语**
>
> 基于人工智能的数据分析与行为识别技术为网络安全提供了新的解决方案。通过智能化的数据分析和行为识别，可以提高威胁检测的效率和准确性，及时发现和应对网络中的威胁。未来，随着人工智能技术的不断发展和完善，数据分析与行为识别技术将在信息安全领域发挥越来越重要的作用。

7.3 人工智能在安全决策与事件响应中的应用

> **引言**
>
> 在信息安全领域，快速准确地做出安全决策和有效地响应威胁事件是至关重要的。随着网络攻击的日益复杂和频发，传统的安全决策和事件响应方法往往难以应对不断演变的威胁。因此，在信息安全领域引入人工智能成为一种新趋势。本节主要介绍人工智能在安全决策与事件响应中的应用。

7.3.1 人工智能在安全决策中的应用

7.3.1.1 威胁情报分析与预警

威胁情报分析与预警是安全决策的重要环节。网络中的威胁情报数据庞大且复杂，传统的方法难以快速有效地分析和理解这些数据。通过人工智能可以对威胁情报进行自动分析，发现潜在的威胁和攻击模式，并及时发出预警。通过人工智能可以对大规模的威胁情报数据进行智能处理和筛选，帮助安全专家更加及时地了解威胁情况，从而做出更明智的安全决策。

7.3.1.2 安全策略制定与优化

人工智能在安全策略的制定与优化中发挥着重要作用。传统的安全策略往往是基于规则和阈值的，难以适应复杂多变的威胁环境。通过人工智能可以对网络中的数据进行学习和分析，找到更加有效的安全策略。例如，通过人工智能可以根据网络流量的变化来动态调整防火墙规则，以应对不同类型的攻击；还可以利用强化学习等技术，不断优化安全策略，以提高安全防御的效果。

7.3.2 人工智能在事件响应中的应用

7.3.2.1 智能化攻击检测

事件响应中的一个关键任务是快速准确地检测网络中的攻击行为。传统的攻击检测方法往往是基于规则和特征库的，无法及时识别新型攻击。通过人工智能可以对网络流量和系统日志进行实时的监测和分析，实现智能化的攻击检测。人工智能模型可以根据已学习到的正常行为模式，实时识别出异常行为和攻击行为，并及时发出警报。

7.3.2.2 自动化响应

在事件响应中引入人工智能技术可实现自动化响应。例如,当发现网络中有可疑行为或攻击时,通过人工智能可以自动触发防御措施,如阻断恶意 IP 地址、关闭被感染的主机等。自动化响应可以大大缩短响应时间,减少人工干预,提高响应效率。

7.3.3 基于人工智能的攻击溯源

攻击溯源是安全决策和事件响应中的关键环节。通过攻击溯源,可以追踪攻击的来源和路径,帮助安全人员了解攻击者的目的和手法,从而制定更有针对性的应对措施。通过人工智能可以对网络中的数据进行分析和关联,实现智能化的攻击溯源。例如,通过人工智能可以分析攻击者的行为模式,找到攻击者的痕迹和攻击路径,帮助安全人员更好地理解攻击事件的全貌。

7.3.4 人工智能在安全决策与事件响应中的挑战与展望

尽管人工智能在安全决策与事件响应中取得了显著进展,但仍然面临一些挑战。首先,数据隐私和安全问题是一个重要的考量因素。人工智能需要大量的数据,但数据涉及用户隐私和敏感信息,需要得到合法的保护和处理。其次,人工智能本身也可能成为攻击者的目标。攻击者可以通过对人工智能模型的攻击,干扰其判断和决策,因此保障人工智能的安全也是一个重要的挑战。

> **结语**
>
> 展望未来,随着人工智能的不断发展和完善,其在安全决策与事件响应中的应用将会越来越广泛,能够更好地适应复杂多变的威胁环境,提供更加高效准确的安全决策和事件响应方案。然而,这也需要进一步加强对人工智能技术的研究和探索,解决其面临的挑战和问题,确保其在网络安全中的应用是安全可靠的。

7.4 本章小结

本章主要介绍人工智能在信息安全领域中的应用。随着信息技术的迅猛发展和网络攻击的日益复杂化,传统的安全防御方法已经不能满足对抗各类威胁的需求。作为新兴的技术手段,人工智能为信息安全带来了全新的解决方案。

首先,本章介绍了基于人工智能的威胁检测与防御,主要内容包括人工智能在威胁检测与防御中的应用、人工智能在威胁检测与防御中的优势、人工智能在威胁检测与防御中的挑战与展望。

然后,本章介绍了数据分析与行为识别,主要内容包括数据分析与行为识别的基本原理、人工智能在数据分析与行为识别中的应用、人工智能在数据分析与行为识别中的挑战与展望。

最后,本章介绍了人工智能在安全决策与事件响应中的应用,主要内容包括人工智能在安全决策中的应用、人工智能在事件响应中的应用、基于人工智能的攻击溯源、人工智能在安全决策与事件响应中的挑战与展望。

第 8 章
区块链与数字身份认证

作为一种去中心化的分布式账本技术,区块链具有不可篡改、透明可信、防止双重支付等特点,在信息安全领域具有广阔的应用前景。本章首先介绍区块链在信息安全中的应用,然后介绍区块链数字身份认证,最后介绍区块链的安全性问题及其面临的挑战。本章旨在帮助读者全面了解区块链在信息安全中的应用,掌握数字身份认证的最新发展和趋势,从而为信息安全保障提供有力的支持和指导。

8.1 区块链在信息安全中的应用

> **引言**
>
> 除了在金融领域中的应用,区块链在信息安全领域中的应用日益受到重视,并逐渐展现出巨大的潜力。本节主要介绍区块链在信息安全中的应用,重点关注数字身份认证、数据安全与隐私保护、智能合约与安全合规性等方面的具体应用。

8.1.1 数字身份认证

传统的身份认证系统存在单点故障和数据泄露的风险,区块链的去中心化和加密机制为数字身份认证带来新的解决方案。通过区块链可以将用户身份信息存储在区块链上,由用户自主管理密钥来实现身份认证。区块链可以消除中心化的认证机构,提高身份认证的安全性和可信度。此外,区块链的不可篡改性和去中心化特点还可以有效防止身份信息被冒用和伪造,保护用户的数字身份不受侵犯。区块链数字身份认证如图 8-1 所示。

8.1.2 数据安全与隐私保护

在传统的数据存储和传输过程中,数据易受到被篡改和泄露的风险。区块链的分布式特性和加密机制为数据安全与隐私保护提供了有效的解决方案,该方案将数据存储在多个节点上,通过共识算法保证数据的完整性和可靠性;此外,数据在传输和存储过程中被加密,只有授权的用户才能解密和访问数据,从而保护数据的隐私和安全。

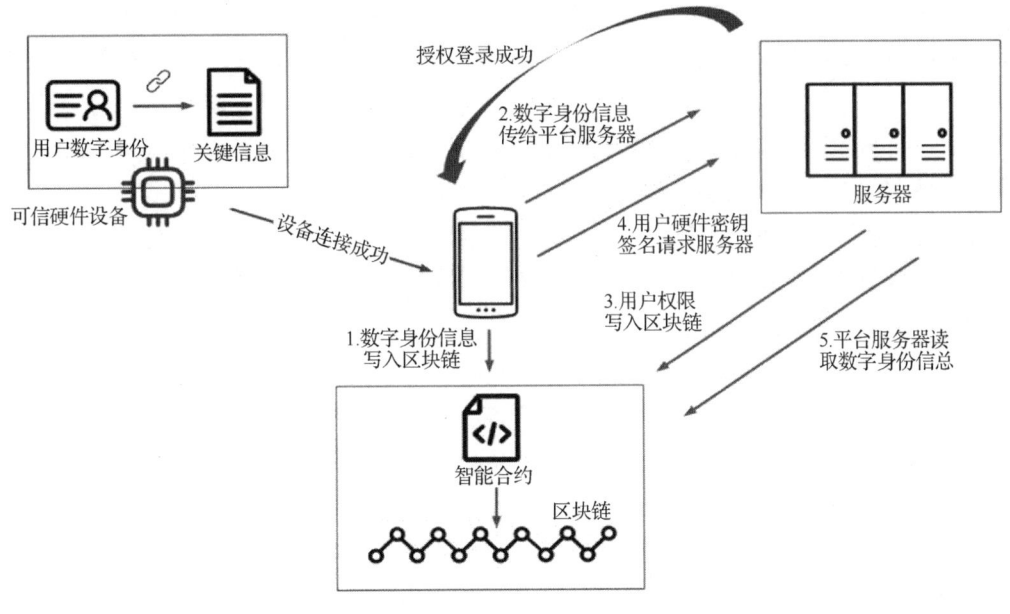

图 8-1　区块链数字身份认证

8.1.3　智能合约与安全合规性

智能合约是指在区块链上自动执行的合约，可以实现自动化的安全决策和合规性检查。在信息安全领域，智能合约可以定义安全策略和规则，并在特定条件下自动触发相应的安全措施。例如，智能合约可以根据网络流量的异常情况自动触发防御机制，或者根据安全事件的严重程度自动调整安全策略。此外，智能合约还可以用于实现安全合规性，自动执行合规性检查和报告，减少手工审计工作量，提高合规性的效率和准确性。

> **结语**
>
> 将区块链应用于信息安全领域，可以更好地发挥区块链在信息安全中的价值和优势，推动信息安全领域的创新与发展。同时，也需要克服区块链本身面临的挑战和问题，并不断加以完善与优化，以更好地应用于信息安全保障，为数字化时代的可持续发展提供坚实的基础和保障。

8.2　区块链数字身份认证

> **引言**
>
> 在数字化时代，个人的身份认证与管理成为信息安全中至关重要的环节。传统的身份认证方式多依赖于中心化的认证机构，容易面临单点故障和数据泄露风险。而区块链以其分布式、去中心化、不可篡改的特性，为数字身份认证提供了全新的解决方案。本节将探讨区块链数字身份认证的内涵、原理、实现方式，及其在信息安全领域的实践意义。

8.2.1 数字身份认证面临的挑战

在网络世界中,用户需要频繁进行数字身份认证,以访问各类服务和资源。然而,传统的数字身份认证方式存在多种挑战,例如:

(1)安全性挑战:传统的数字身份认证方式往往需要用户提供敏感信息,如账号、密码等,这些信息容易被黑客攻击,从而导致个人隐私泄露和账户被盗的风险。数字身份认证的安全性挑战如图8-2所示。

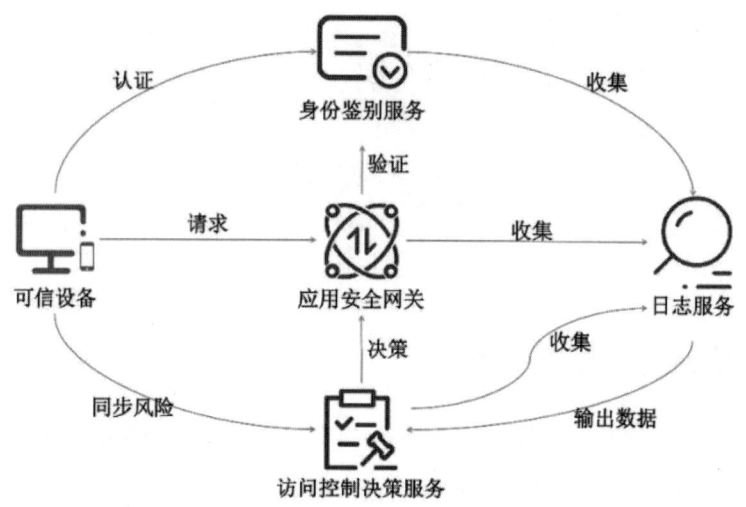

图8-2 数字身份认证的安全性挑战

(2)中心化风险:传统的数字身份认证依赖于中心化的认证机构,一旦这些机构遭受攻击或发生故障,可能导致大量用户无法正常认证和访问服务。数字身份认证的中心化风险处理架构如图8-3所示。

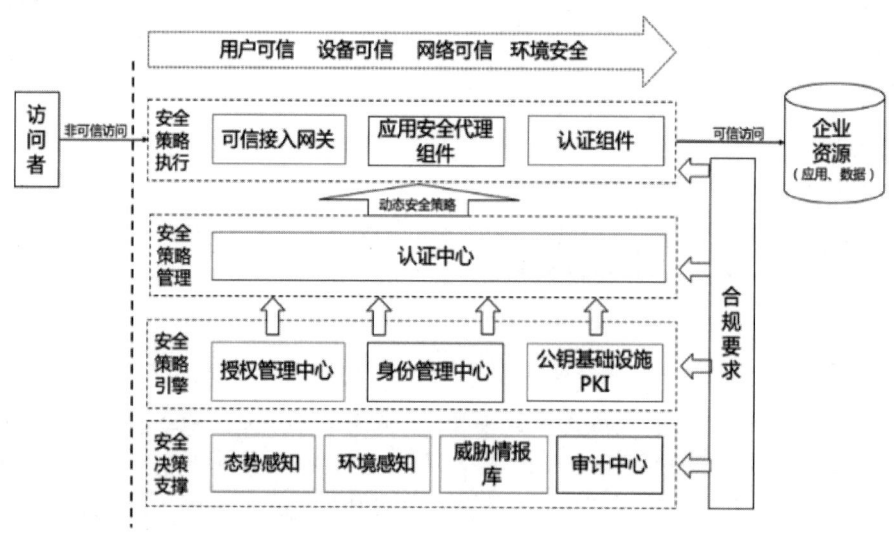

图8-3 数字身份认证的中心化风险处理架构图

第 8 章 区块链与数字身份认证

（3）身份信息碎片化：用户在不同平台上可能拥有多个身份标识，身份信息分散存储在不同的机构和数据库中，导致身份信息管理困难。身份信息碎片化如图 8-4 所示。

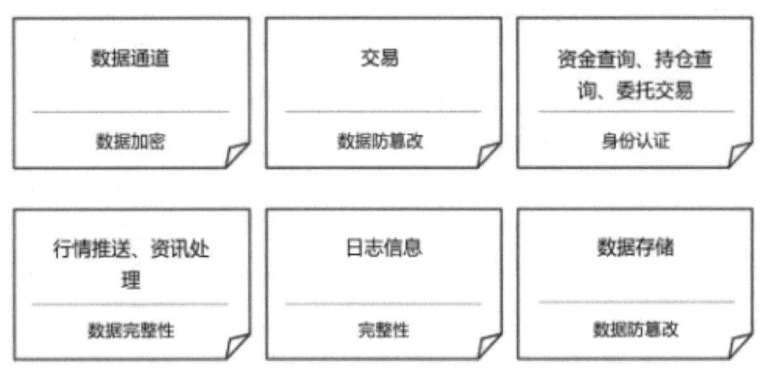

图 8-4 身份信息碎片化

8.2.2 区块链数字身份认证的原理

区块链数字身份认证采用了去中心化和加密技术，实现了用户身份信息的安全存储和管理。其原理主要包括：

（1）去中心化身份管理：区块链通过分布式的节点和共识算法，消除了中心化认证机构的需求。每个用户在区块链上都拥有一个唯一的身份标识，可以自主管理和控制自己的身份信息。去中心化身份管理工作原理如图 8-5 所示。

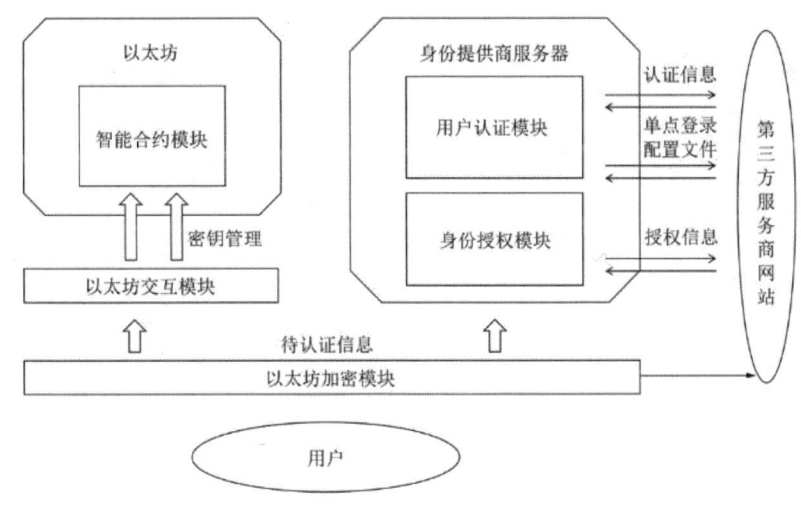

图 8-5 去中心化身份管理工作原理

（2）数字身份证明：用户的身份信息被加密后存储在区块链上，并由用户自己持有密钥来证明自己的身份。用户通过密钥签名交易来证明其身份，并通过区块链上的智能合约来进行数字身份认证。

（3）去中心化数字身份认证：区块链可以实现跨平台的数字身份认证，用户只需要在区块链上注册一次，即可在不同的服务平台上使用同一份身份信息进行认证，从而避免了身份信息碎片化问题。去中心化数字身份认证机制架构如图 8-6 所示。

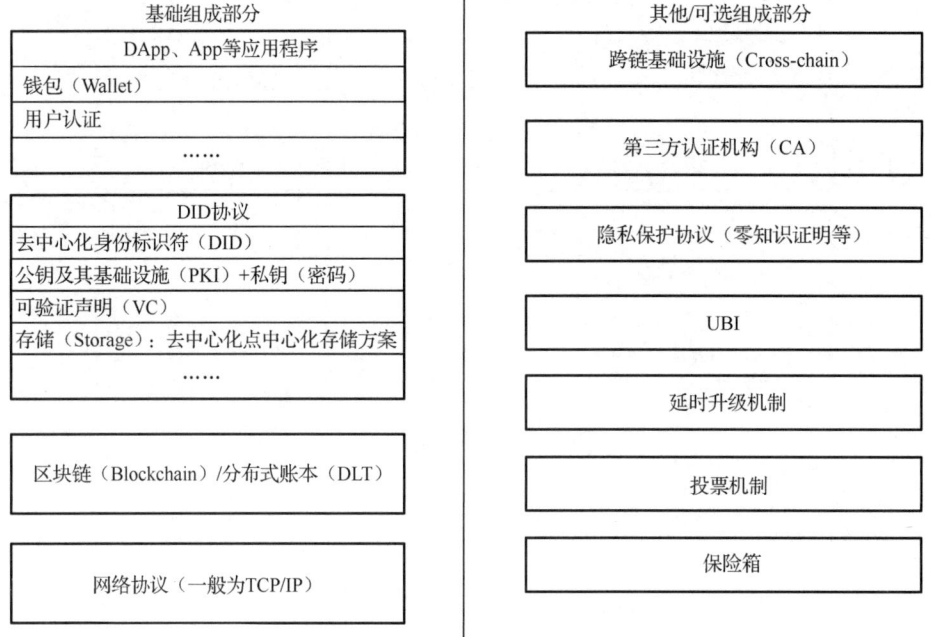

图 8-6　去中心化数字身份认证机制架构

8.2.3　区块链数字身份认证的实现方式

区块链数字身份认证可以采用不同的实现方式，主要包括：

（1）公有链数字身份认证。公有链数字身份认证是指用户的身份信息存储在公开可访问的区块链上，任何人都可以查看用户的身份信息；用户可以通过密钥来控制自己的身份信息，并在需要时进行数字身份认证。公有链数字身份认证机制原理如图 8-7 所示。

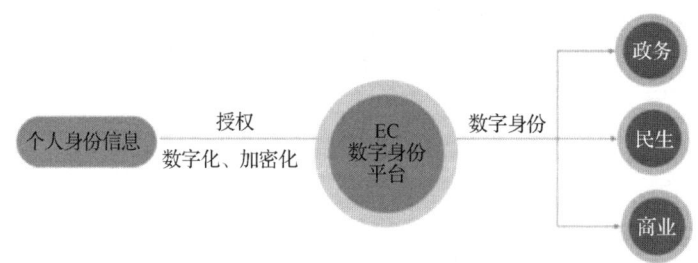

图 8-7　公有链数字身份认证机制原理

（2）联盟链数字身份认证。联盟链数字身份认证是指用户的身份信息存储在一组由联盟成员维护的区块链上，这些成员是经过授权的企业或组织或机构。用户在联盟链上注册并获取数字身份认证，可以在联盟成员之间共享身份信息。联盟链数字身份认证机制原理如图 8-8 所示。

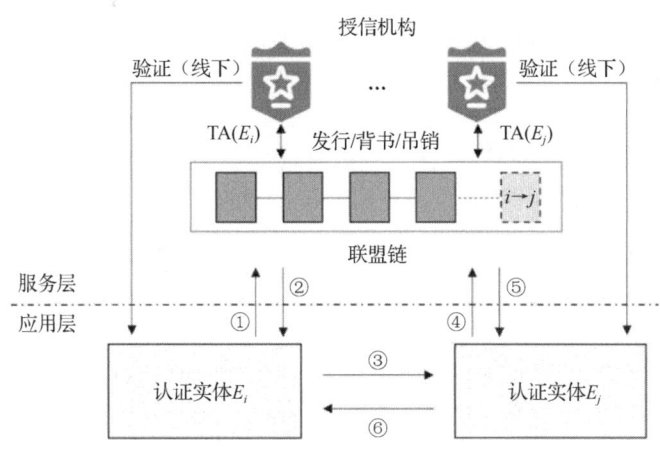

图 8-8 联盟链数字身份认证机制原理

（3）私有链数字身份认证。私有链数字身份认证是指用户的身份信息存储在私有的区块链上，只有特定的用户或企业或组织可以访问和管理这些信息。私有链数字身份认证通常用于特定的内部数字身份认证场景，如企业内部员工数字身份认证。私有链数字身份认证机制原理如图 8-9 所示。

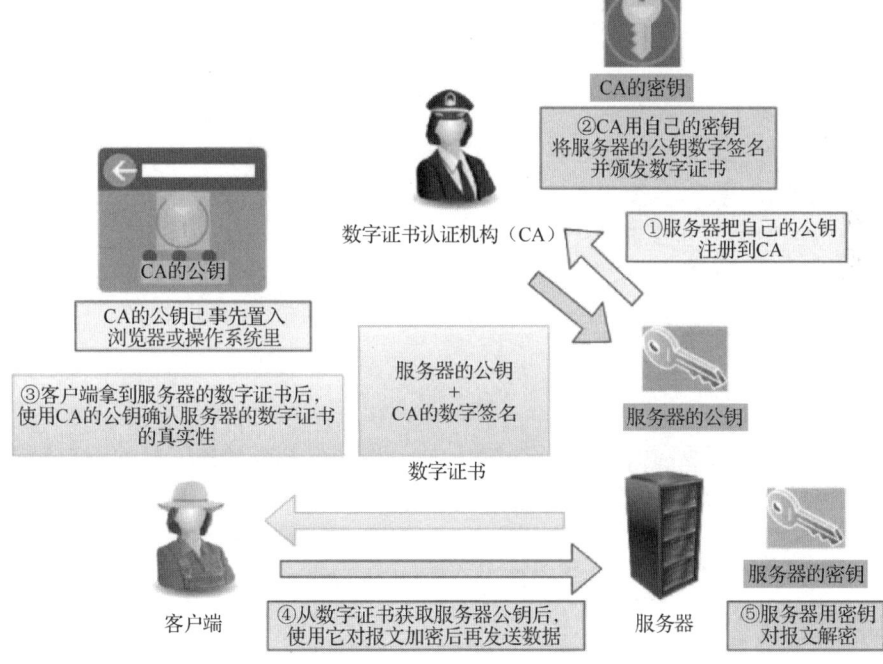

图 8-9 私有链数字身份认证机制原理图

8.2.4 区块链数字身份认证的实践意义

区块链数字身份认证在信息安全领域具有重要的实践意义。

（1）提高数字身份认证的安全性：区块链的加密机制和去中心化特性保证了用户身份信息的安全存储和传输，有效防止了身份信息被黑客攻击的风险。

（2）增强用户控制权：区块链数字身份认证赋予了用户更多的控制权，用户可以自主管理和控制自己的身份信息，避免了个人身份信息被滥用的问题。

（3）降低数字身份认证的成本和复杂度：区块链可以实现跨平台的数字身份认证，用户只需要注册一次，即可在不同平台上使用同一份身份信息进行认证，减少了数字身份认证的复杂性和重复性。

（4）推动数字经济的发展：数字身份认证是数字经济发展的基础，区块链数字身份认证为数字经济提供了更安全、高效的数字身份认证方式，推动了数字经济的健康发展。

结语

区块链数字身份认证是当前信息安全领域的热门研究方向。利用区块链的分布式和去中心化特性，数字身份认证技术得到了极大的改进和提升。然而，区块链本身也面临着性能、可扩展性等方面的挑战，需要不断完善和优化。随着区块链的不断发展，区块链数字身份认证有望在未来为信息安全提供更加可靠、高效的保障。

8.3 区块链的安全性问题及其面临的挑战

引言

区块链以其去中心化、分布式、不可篡改等特性，在信息安全领域得到了广泛关注和应用。然而，区块链作为一种新兴技术，也面临着一些安全性和挑战。本节将探讨区块链的安全性与挑战，从技术和管理层面分析现有的安全问题，并探讨解决方案，以保障区块链在数字身份认证中的可靠性与安全性。

8.3.1 区块链的安全性问题

虽然区块链在本质上是一种较为安全的技术，但仍然存在一些安全性问题，主要包括：

（1）51%攻击：在区块链的共识机制中，如果一个恶意节点掌控了超过50%的网络算力，就有可能控制整个网络，篡改交易记录，从而导致"双花"等问题。51%攻击原理如图8-10所示。

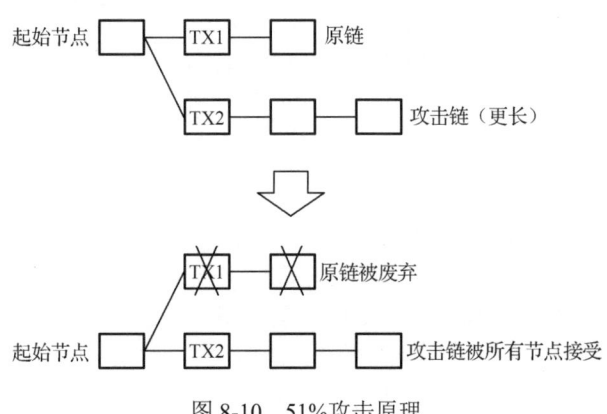

图 8-10　51%攻击原理

（2）智能合约漏洞：智能合约作为区块链上的自动执行程序，可能存在编码漏洞，一旦被攻击者利用，可能导致合约执行的意外结果，造成资产损失。智能合约漏洞攻击原理如图 8-11 所示。

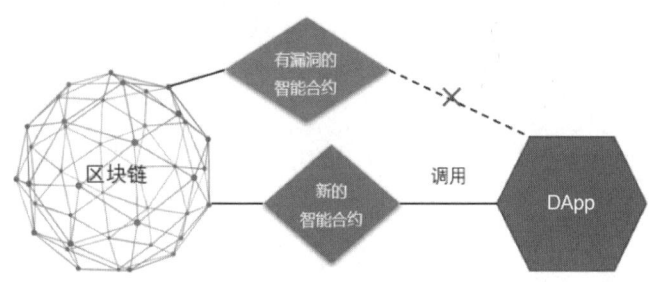

图 8-11　智能合约漏洞攻击原理

（3）隐私泄露。区块链上的交易信息是公开的，虽然交易记录是匿名的，但通过交易分析等手段，有可能识别用户身份和交易行为，从而导致隐私泄露。

（4）弱密码攻击：区块链上的账户通常使用公-密钥对进行数字身份认证和交易签名，如果用户使用弱密码或未妥善保管密钥，可能被黑客攻击盗取资产。弱密码攻击原理如图 8-12 所示。

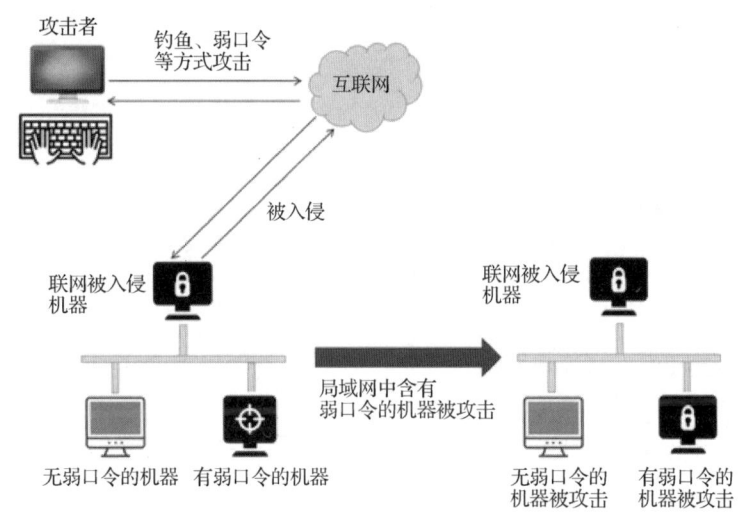

图 8-12　弱密码攻击原理

8.3.2　区块链安全解决方案

为了应对区块链的安全性问题，研究人员和区块链社区提出了一系列解决方案。

（1）共识机制的优化：为了防止 51% 攻击，研究人员提出了各种共识算法的优化方案，如拜占庭容错算法、权益证明算法、混合共识等，以提高网络的抗攻击能力。共识机制的优化原理如图 8-13 所示。

（2）智能合约安全审计：智能合约漏洞主要源于编码错误，因此进行合约安全审计成为一种重要的解决方案。通过审计智能合约代码，可以发现并修复潜在的漏洞。智能合约安全审计的主要内容如图 8-14 所示。

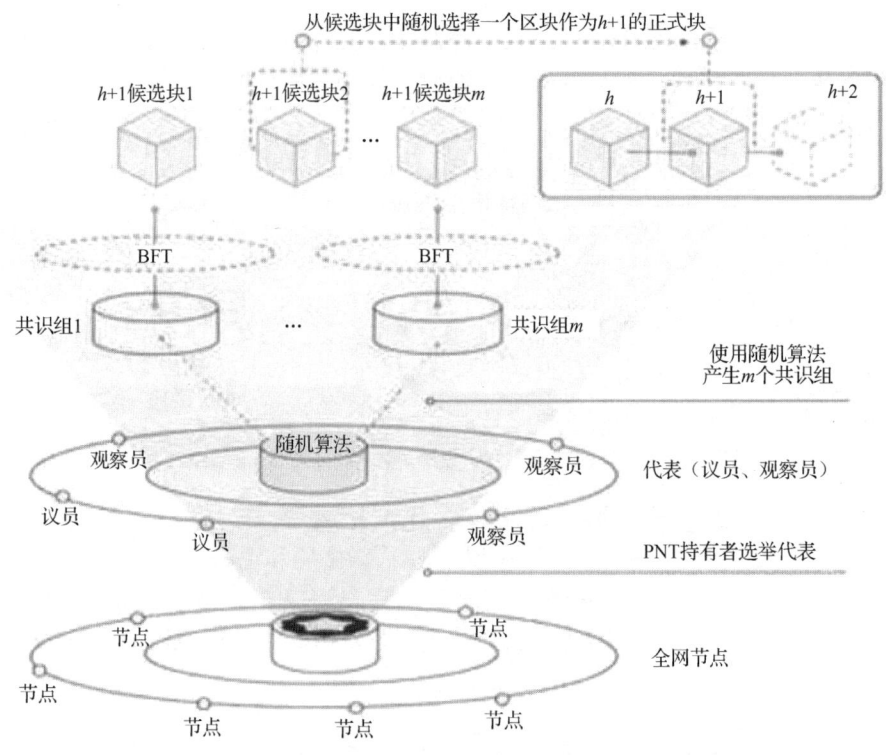

图 8-13 共识机制的优化原理

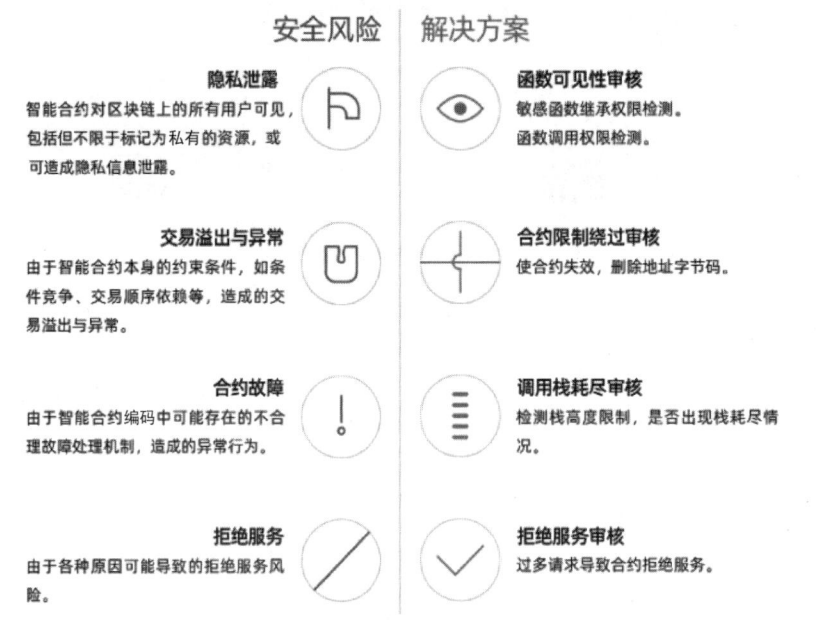

图 8-14 智能合约安全审计的主要内容

（3）隐私保护技术：为了保护用户的隐私，研究人员提出了各种隐私保护技术，如零知识证明、同态加密等，以在不暴露交易细节的前提下，保证交易的可验证性。隐私保护流程如图 8-15 所示。

第 8 章 区块链与数字身份认证

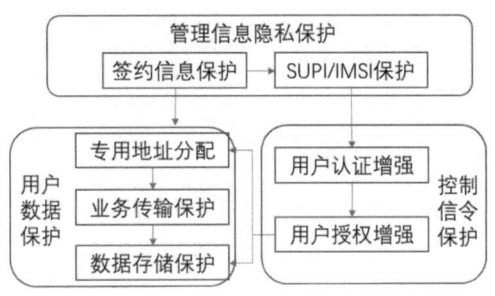

图 8-15 隐私保护流程

（4）安全存储和管理密钥：为了防止密钥泄露，用户需要采取安全的存储和管理措施，如使用硬件钱包、多重签名等方式来保护密钥的安全。安全存储和管理密钥的原理如图 8-16 所示。

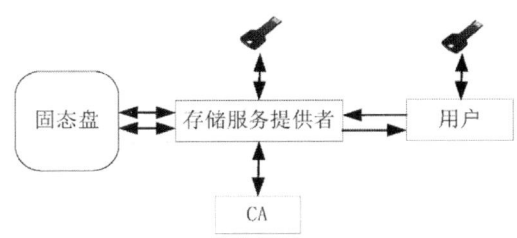

图 8-16 安全存储和管理密钥的原理

8.3.3 区块链管理

除了技术层面的安全问题，区块链管理也是保障安全的重要手段。

（1）合规与监管。在区块链应用中，需要遵守相关法律法规，并在合规的框架下进行运营和交易。政府和监管机构可以建立相应的监管制度，规范区块链行业的发展。区块链的合规与监管技术原理如图 8-17 所示。

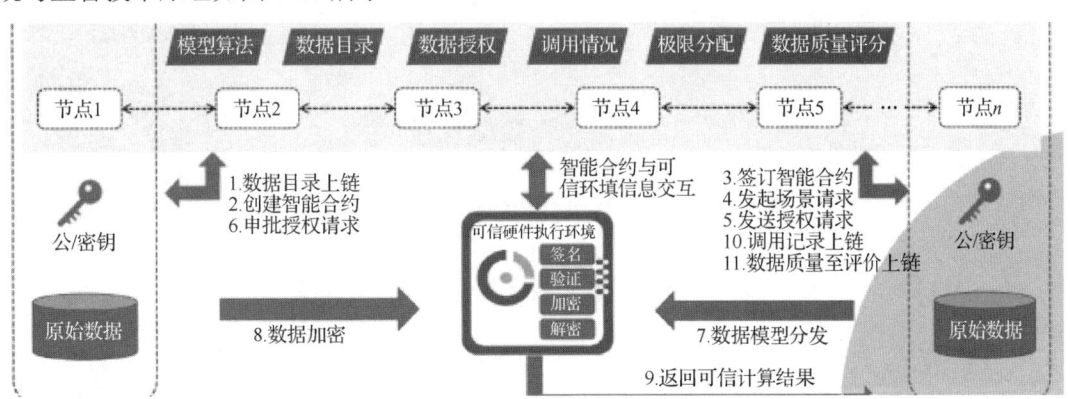

图 8-17 区块链的合规与监管技术原理图

（2）安全标准和认证。制定区块链的安全标准和认证，可以提升区块链及其应用的安全性，推动行业规范化发展。区块链的安全标准和认证技术框架如图 8-18 所示。

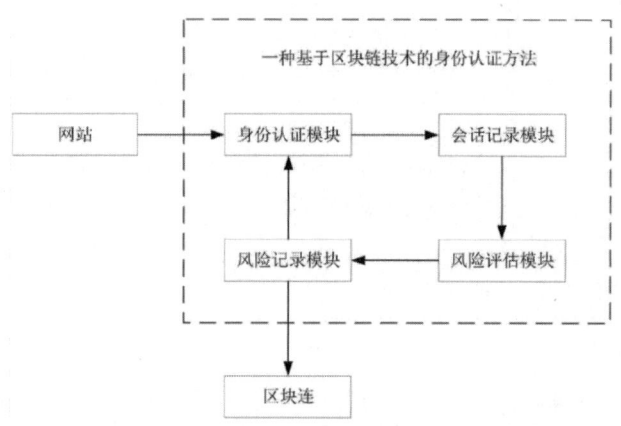

图 8-18 区块链的安全标准和认证技术框架

（3）应急响应与安全漏洞修复。针对区块链的安全事件，建立应急响应机制，并及时修复安全漏洞，可以快速应对威胁，减少损失。区块链的应急响应与安全漏洞修复原理如图 8-19 所示。

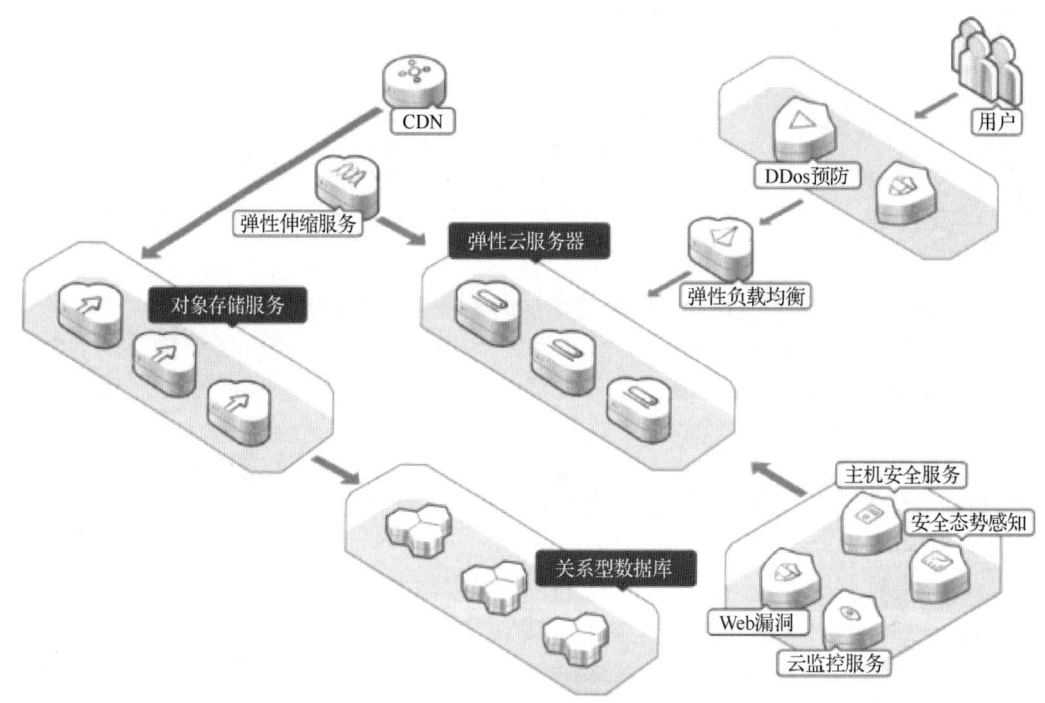

图 8-19 区块链的应急响应与安全漏洞修复原理

📓 **结语**

区块链作为一种新兴技术，虽然在信息安全领域有着广泛的应用前景，但也面临着一些安全性挑战。通过优化共识机制、智能合约审计、隐私保护技术以及管理手段，可以有效提升区块链的安全性。未来，随着区块链的不断发展，相关安全问题和解决方案也将进一步完善，为数字身份认证和其他领域的安全提供更可靠的保障。

8.4 本章小结

本章主要介绍区块链在信息安全领域的广泛应用,以及数字身份认证的重要性和挑战。本章从多个角度介绍了区块链如何改进数字身份认证实现和管理,以实现更安全、隐私保护和高效的身份管理体系。

首先,本章介绍了区块链在信息安全中的应用,主要内容包括数字身份认证、数据安全与隐私保护、智能合约与安全合规性。

其次,本章介绍了区块链数字身份认证,主要内容包括数字身份认证面临的挑战、区块链数字身份认证原理、区块链数字身份认证的实现方式、区块链数字身份认证的实践意义。

最后,本章介绍了区块链的安全问题及其面临的挑战,主要内容包括区块链的安全性问题、区块链安全解决方案和区块链管理

区块链在信息安全领域中具有巨大的潜力和优势,可以为数字身份认证带来全新的解决方案,但同时也需要克服一些技术和隐私方面的挑战。未来,随着技术的不断发展和完善,区块链将在信息安全领域发挥越来越重要的作用,为信息安全和隐私保护提供更好的保障。

第 9 章
零信任安全模型与访问控制

在当今的互联网环境中,信息安全面临着日益复杂和多样化的威胁,传统的边界防御已无法满足应用的需求。因此,本章探讨一种创新的信息安全理念和技术手段,旨在为读者提供一种构建更加可靠和安全的信息安全体系的方案。

本章首先介绍零信任安全模型的基本原则和基础,强调"不信任、始终验证"的核心理念;然后详细讨论基于零信任安全模型的访问控制策略,涵盖了认证、授权和审计等关键环节;最后重点关注零信任安全模型的关键要素与实施建议,包括技术和管理层面的具体措施。

通过对零信任安全模型的探讨,本章将帮助读者理解并掌握一种更加高效和灵活的安全防御理念,以应对日益复杂的信息安全挑战。同时,通过实施建议的分享,本章将为读者提供实施零信任安全模型的具体实施指导,帮助读者在实际应用中取得更好的效果。

无论从理论层面还是实践层面,本章都将为读者提供全面而深入的信息安全知识,帮助读者构建可持续的数字安全体系。

9.1 零信任安全模型基础

引言

传统的信息安全防御模式主要依赖于边界防御,即在企业网络的边界上设置防火墙和安全设备,阻止外部攻击进入内部网络。然而,随着云计算、移动设备和物联网的快速发展,边界不再明确,传统的边界防御已经无法适应日益复杂的威胁环境。在这样的背景下,零信任安全模型应运而生,成为一种创新的安全防御理念。

9.1.1 零信任安全模型的基本原则

零信任安全模型的基本原则是"不信任、始终验证"。与传统的信任模型不同,零信任安全模型假设内部和外部都是不可信任的,所有的访问都需要进行严格的数字身份认证和授权。在零信任安全模型中,认证和授权是持续进行的过程,即使在用户通过认证后,也需要根据用户的行为和访问情况进行动态授权和审计。零信任安全模型的架构如图 9-1。

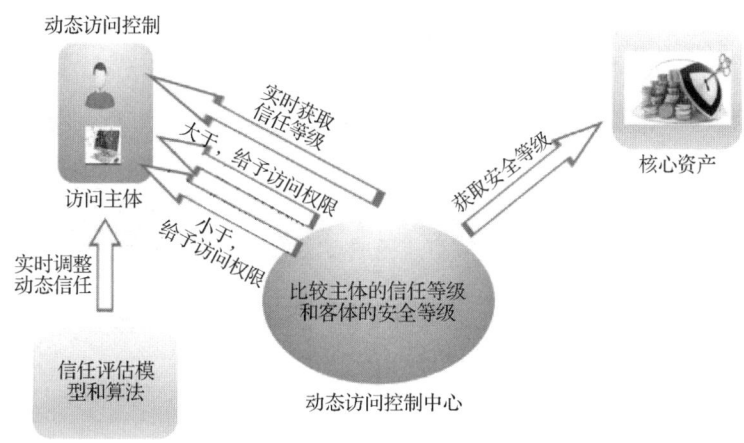

图 9-1　零信任安全模型的架构

9.1.2　零信任安全模型的核心概念

在零信任安全模型中，以下几个核心概念需要理解和应用。

（1）最小权限原则。最小权限原则是指用户只被授予完成工作所需的最小权限，而不是拥有所有权限。这样做可以最大限度地降低风险，即使用户的身份被攻破，攻击者也只能访问有限的资源。最小权限原则原理如图 9-2 所示。

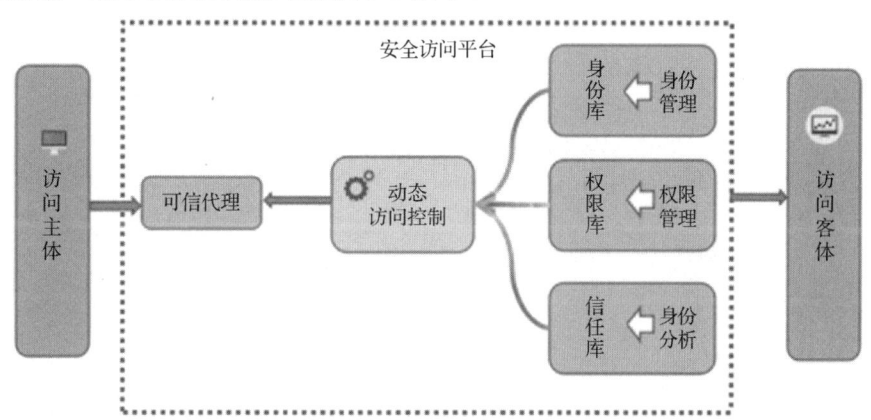

图 9-2　最小权限原则原理

（2）多因素认证。多因素认证是指用户需要提供多个不同的身份认证因素，如密码、指纹、令牌等，以增加身份认证的安全性。多因素认证的架构如图 9-3 所示。

（3）访问控制策略。零信任安全模型依赖于严格的访问控制策略，根据用户的身份、设备、位置等因素来限制访问权限，并动态调整授权策略。访问控制策略的框架如图 9-4 所示。

（4）行为分析和审计。在零信任安全模型中，需要对用户的行为进行实时分析和审计，以便发现异常活动和潜在的威胁。行为分析和审计技术的架构如图 9-5 所示。

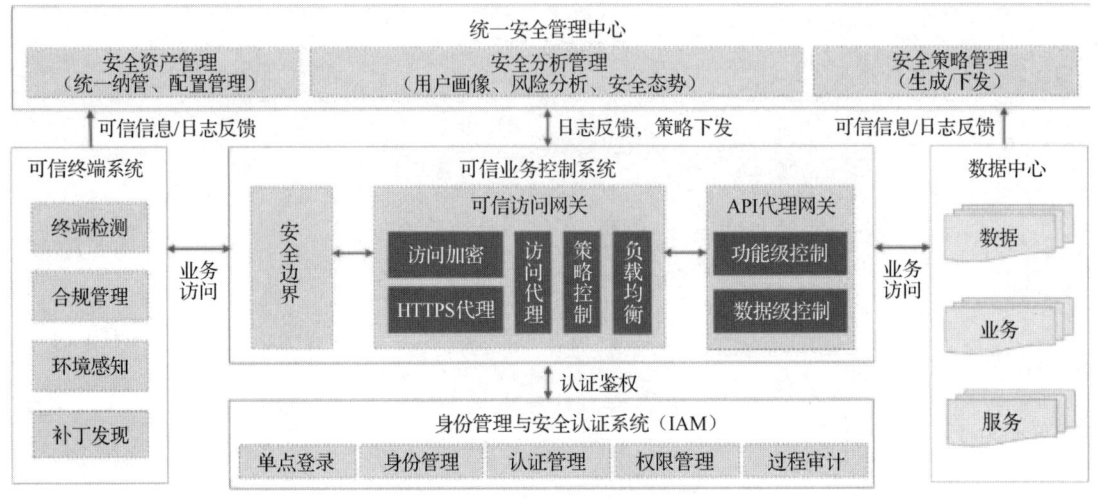

图 9-3　多因素认证的架构

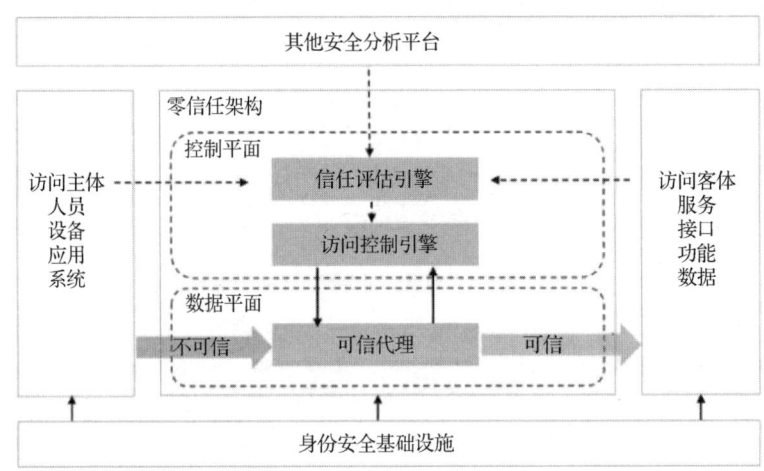

图 9-4　访问控制策略的框架

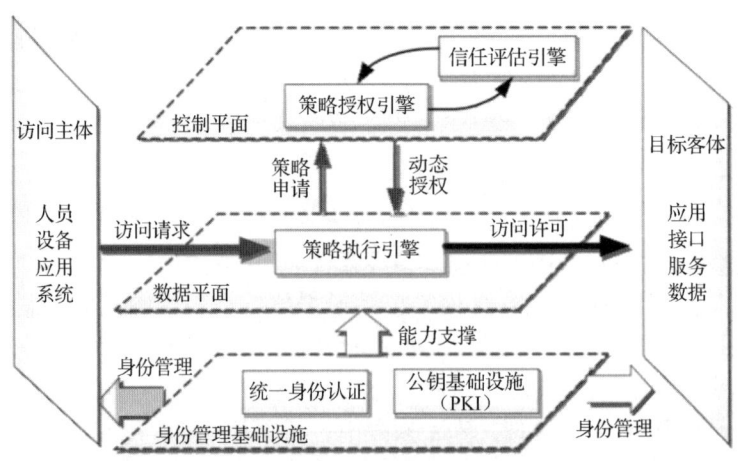

图 9-5　行为分析和审计技术的架构

9.1.3 零信任安全模型的优势

相比传统的边界防御模式,零信任安全模型具有以下优势:

(1)更加灵活、适应性强。零信任安全模型不依赖于特定的边界,适用于云环境、移动设备、物联网等多样化的网络环境。

(2)更高的安全性。零信任安全模型将信任范围缩小到最小,并强调持续验证和访问控制,从根本上提升了安全性。

(3)更好地应对侧信任攻击。在零信任安全模型中,即使用户的身份被攻破,攻击者也只能访问有限的资源,难以扩散攻击。

9.1.4 实施零信任安全模型的关键要素

要成功实施零信任安全模型,需要考虑以下关键要素:

(1)认识威胁和风险。了解不同类型的威胁和攻击方式,根据实际风险制定相应的访问控制策略。

(2)构建多因素认证。实施多因素认证,要求用户提供多个不同的身份认证因素,提高身份认证的安全性。

(3)设计细粒度的访问控制策略。根据用户的角色、权限和访问需求,设计细粒度的访问控制策略,限制用户的访问权限。

(4)实时监测和审计。建立实时监测和审计机制,对用户的行为进行实时分析和审计,及时发现异常活动。

> **结语**
>
> 零信任安全模型是一种创新的安全防御理念,强调"不信任、始终验证",可以帮助企业更好地应对日益复杂的信息安全威胁。在实施零信任安全模型时,需要综合考虑多种因素,如威胁分析、多因素认证和细粒度的访问控制策略等。通过采用零信任安全模型,企业可以构建更加灵活、安全和可持续的信息安全体系。然而,实施零信任安全模型也面临一些挑战,如复杂性和成本等,需要企业认真评估和规划。总体而言,零信任安全模型是未来信息安全发展的趋势,值得企业深入研究和实践。

9.2 基于零信任安全模型的访问控制策略

> **引言**
>
> 零信任安全模型的基本原则是"不信任、始终验证",这意味着所有的访问都需要进行严格的身份认证和授权,无论来自内部的用户还是来自外部的用户。本节将探讨基于零信任安全模型的访问控制策略,包括设计细粒度的权限控制策略、实施多因素认证,以及动态调整授权策略等。

9.2.1 设计细粒度的权限控制策略

在零信任安全模型中，最小权限原则是一个重要的概念，即用户只被授予完成工作所需的最低权限，而不是拥有所有权限。为了实现这一目标，需要设计细粒度的权限控制策略。设计细粒度的权限控制策略的原理如图 9-6 所示。

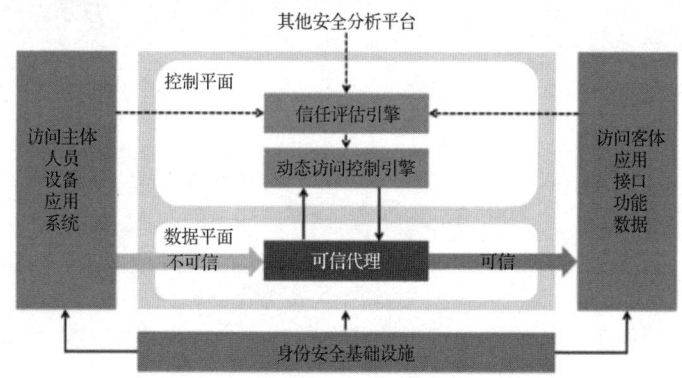

图 9-6 设计细粒度的权限控制策略的原理

首先，需要对用户进行分类和划分角色，根据不同的角色来设置对应的权限。例如，网络管理员角色拥有更高的权限，而普通员工只能访问特定的资源。

其次，可以采用基于策略的访问控制（Policy-Based Access Control，PBAC）来实现细粒度的权限控制策略。PBAC 通过在访问请求和资源之间建立策略来决定是否允许访问，这些策略可以包括用户身份、设备状态、访问时间等多个因素，以确保只有满足所有策略条件的访问请求才会被授权。PBAC 的架构如图 9-7 所示。

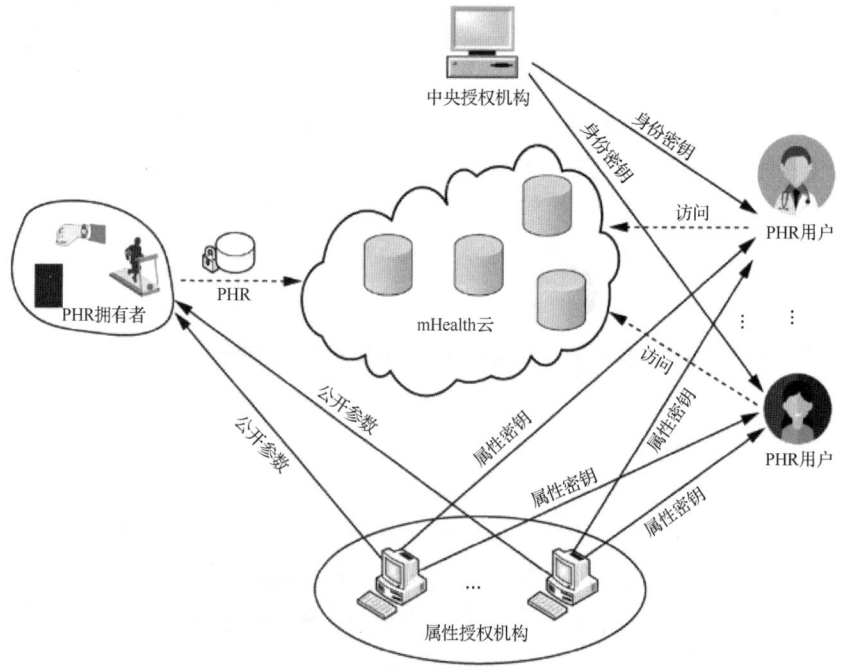

图 9-7 PBAC 的架构

9.2.2 实施多因素认证

多因素认证是零信任安全模型中的关键组成部分。通过引入多个不同的身份认证因素，可以大大增强身份认证的安全性。多因素认证的架构如图 9-8 所示。常见的身份认证因素包括：

（1）知识因素：如密码、PIN 码等。
（2）物理因素：如智能卡、USB 令牌等。
（3）生物因素：如指纹、虹膜、声纹等。

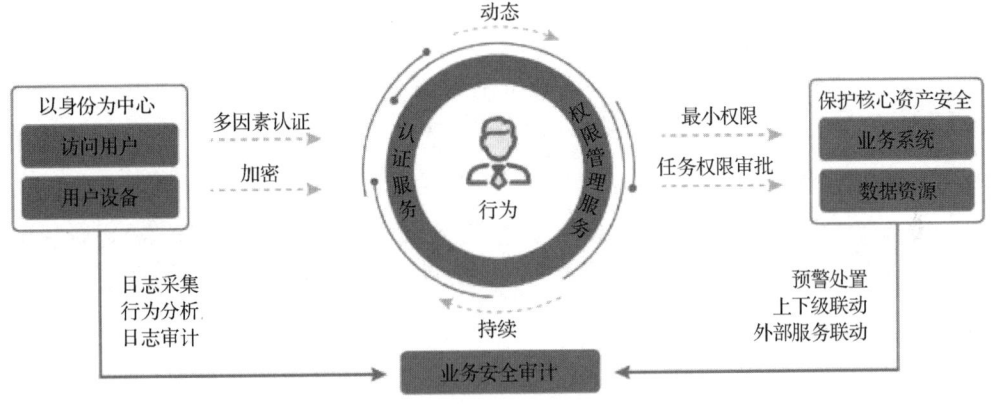

图 9-8　多因素认证的架构

采用多因素认证意味着用户需要同时提供多个不同的因素来验证其身份，即使攻击者获得某个因素，也无法成功通过认证。

9.2.3 动态调整授权策略

在零信任安全模型中，认证和授权是持续进行的过程，即使用户通过了认证，也需要根据用户的行为和访问情况进行动态授权和审计。动态调整授权策略的架构如图 9-9 所示。

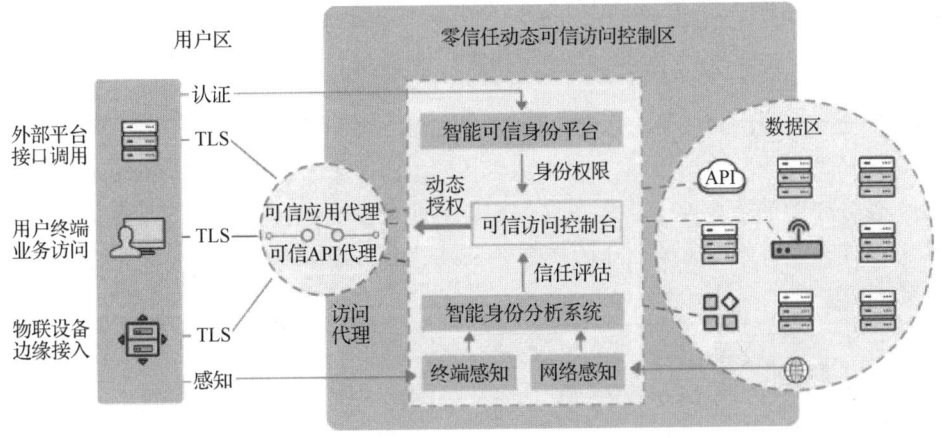

图 9-9　动态调整授权策略的架构

在实际应用中，可以采用基于行为分析的动态授权策略。这意味着系统会根据用户的行为和访问情况进行实时分析，发现异常活动并及时做出反应。例如，如果系统检测到某个用户在短时间内多次访问了敏感数据，系统可以立即收回该用户的访问权限，以防止潜在的数据泄露。

9.2.4 零信任安全模型面临的挑战及其应对策略

虽然零信任安全模型在提高信息安全性方面具有明显的优势，但实施过程中也面临一些挑战。

9.2.4.1 复杂性与成本

实施零信任安全模型需要建立复杂的访问控制策略和审计机制，这会增加系统的复杂性和部署成本。同时，细粒度的权限控制策略也会增加管理和维护的工作量。

9.2.4.2 用户体验

零信任安全模型强调"不信任、始终验证"，可能导致用户在访问资源时需要频繁进行身份认证，从而降低用户体验。因此，需要在安全性和用户体验间采取适当的措施来进行权衡。

9.2.4.3 恶意的内部威胁

零信任安全模型虽然可以有效防止外部攻击，但对于内部人员的威胁仍然需要重视。恶意的内部人员可能利用合法的身份来窃取敏感信息或破坏系统。

 **结语**

基于零信任安全模型的访问控制策略是提高信息安全性的重要手段。通过设计细粒度的权限控制策略、实施多因素认证和动态调整授权策略，可以有效防止未经授权的访问和数据泄露。然而，实施零信任安全模型也面临一些挑战，如复杂性和成本、用户体验，以及内部的恶意威胁等。因此，需要综合考虑各种因素，采取综合的安全措施来确保信息安全。

9.3 零信任安全模型的关键要素与实施建议

 **引言**

在前面的章节中，我们介绍了零信任安全模型的基本原则和访问控制策略。本节将重点讨论零信任模型的关键要素和实施建议。实施零信任安全模型涉及多个方面的考虑，包括技术、流程和人员等。通过合理的规划和实施，企业可以构建更加安全和可持续的信息安全体系。

9.3.1 关键要素

9.3.1.1 身份认证与访问控制系统

实施零信任安全模型的首要任务是建立强大的身份认证与访问控制系统。该系统需要支持多因素认证、细粒度的权限控制和动态授权调整。企业可以选择现有的身份认证和访问控制方案,也可以根据具体需求开发定制的身份认证和访问控制方案。

9.3.1.2 安全网络架构

安全网络架构是实施零信任安全模型的基础。企业需要设计安全的网络拓扑结构,划分安全域和隔离敏感数据;同时,还需要采用网络分割和安全设备,如防火墙、入侵检测系统与入侵防御系统等,来增强网络的安全性。

9.3.1.3 安全策略与规范

制定明确的安全策略和规范是确保零信任安全模型有效运行的关键。这些安全策略和规范应涵盖用户权限管理、访问控制、数据保护、审计等方面;同时,还需要定期审查和更新策略,以适应不断变化的威胁。

9.3.1.4 安全监测与响应

零信任安全模型强调持续监测和实时响应,因此企业需要建立有效的安全监测和响应体系,及时发现和应对安全事件。采用 SIEM 等工具可以实现实时监测和事件响应。

9.3.2 实施建议

9.3.2.1 制定详细的实施计划

实施零信任安全模型是一个复杂的过程,需要综合考虑多个因素。企业应该制订详细的实施计划,明确目标和时间表,确保每个阶段都有明确的任务和责任分工。

9.3.2.2 逐步推进

由于实施零信任安全模型涉及多个方面,建议企业采取逐步推进的方式,可以从一些关键系统或重要业务开始实施零信任安全模型,逐步扩展到全企业。

9.3.2.3 培训与意识提升

实施零信任安全模型需要全体员工的共同参与和支持,因此,建议企业开展相关培训和意识提升活动,帮助员工了解零信任安全模型的重要性和实施方法。

9.3.2.4 定期评估与优化

零信任安全模型的实施是一个持续的过程,企业需要定期评估安全状况,发现问题并及时进行优化和改进。定期演练和测试是必不可少的。

 结语

> 实施零信任安全模型是企业提高信息安全性的重要步骤。通过关键要素的建立和实施建议的执行,企业可以建立更加安全和可靠的数字安全体系。同时,企业还需要持续关注新的威胁和技术发展,不断优化和完善零信任安全模型,以应对不断变化的安全挑战。

9.4 本章小结

本章主要介绍了零信任安全模型与访问控制的相关概念、原则、实施建议。零信任安全模型是一种全新的安全理念，它强调在任何时候都不信任用户、设备或网络，而是通过多层次的身份认证和访问控制来保护信息资源。通过实施零信任安全模型，企业可以有效地防止未经授权的访问和数据泄露，提高信息安全性。

首先，本章介绍了零信任安全模型基础，主要内容包括零信任安全模型的基本原则、零信任安全模型的核心概念、零信任安全模型的优势、实施零信任安全模型的关键要素。

其次，本章介绍了基于零信任安全模型的访问控制策略，主要内容包括设计细粒度的权限控制策略、实施多因素认证、动态调整授权策略、零信任安全模型面临的挑战及其应对策略。

最后，本章介绍了实施零信任安全模型的关键要素和实施建议。

综合来看，零信任安全模型与访问控制是企业提高信息安全性的重要手段。根据零信任安全模型的实施建议，企业可以构建更加安全和可持续的信息安全体系。随着技术的不断发展和威胁的不断演变，零信任安全模型将不断优化和完善，成为保护信息安全的重要手段之一。

参考文献

[1] 于国旺,张志刚,翟延涛,等. 朔黄铁路牵引供电设备智能运维技术研究[J]. 铁道运输与经济,2023,45(11):88-96.

[2] 刘占省,武乐佳,刘子圣. 面向全生命期的多维多尺度智能建造体系[J]. 天津大学学报(自然科学与工程技术版),2023,56(12):1295-1306.

[3] 郑荣,雷亚欣,张默涵,等. 基于联盟区块链的多源个人健康信息协同共享模式研究[J]. 图书情报工作,2023,67(20):79-92.

[4] 朱迪,张博闻,程雅琪,等. 知识赋能的新一代信息系统研究现状、发展与挑战[J]. 软件学报,2023,34(10):4439-4462.

[5] 贺建清,舒莉芬. 数字人民币助力人民币国际化:逻辑、挑战与路径[J]. 金融与经济,2023(10):73-83.

[6] 陈伟光,钟列炀,张建丽. 数字经济时代的现代化治理与治理现代化[J]. 华南师范大学学报(社会科学版),2023(05):151-165,244.

[7] 王炜炫. 数字人民币发行和流通中的个人信息保护[J]. 南方金融,2023(06):86-99.

[8] 齐艳平. 推进我国国有企业数字化转型的新型数字基础设施一体化平台架构设计[J]. 科技管理研究,2023,43(16):177-185.

[9] 郭克莎,杨佩龙. 制造业与服务业数字化改造的不同模式[J]. 经济科学,2023(04):45-62.

[10] 唐青才,赵越,陈博文. 德国高等教育4.0数字化转型的战略规划、实施体系及其启示[J]. 教育学术月刊,2023(08):104-112.

[11] 丁超,苏政,许城瑜. 基于数字孪生的建筑全生命周期管理平台构建[J]. 建筑经济,2023,44(08):73-79.

[12] 张文勇,陈果. 数智环境下智慧图书馆信息服务技术架构和保障策略探析[J]. 图书馆,2023(07):37-42,67.

[13] 张凌寒. 生成式人工智能的法律定位与分层治理[J]. 现代法学,2023,45(04):126-141.

[14] 毛善君,景超,李团结,等. 基于4DGIS的智能化矿区云平台关键技术研究及应用[J]. 煤炭学报,2023,48(07):2626-2640.

[15] 樊玉明,刘琦,咸晓雨,等. 基于区块链+北斗的铁路装备可信数字身份服务方法[J]. 导航定位与授时,2023,10(04):48-57.

[16] 汤文仙. 数字孪生在城管档案管理中的应用与行动路向[J]. 浙江档案,2023(07):44-47.

[17] 魏会敏. 数字孪生河北省南水北调配套工程建设思考[J]. 人民黄河,2023,45(S1):188-189.

[18] 苏亮,任鹏程,岑嶒,等.市场监管(卫生健康部分)信息化工程研究进展与设想[J].中国食品卫生杂志,2023,35(06):957-960.

[19] 郝志斌.数字金融的功能监管及其精准化实施[J].行政法学研究,2023(05):145-155.

[20] 陈栩杉.贝叶斯模型在数字保存风险管理中的应用与启示——以英国国家档案馆DiAGRAM项目为例[J].中国档案,2023(06):56-58.

[21] 金源,李成智.基于数字人民币与智能合约的智能支付结算研究[J].财会通讯,2023(11):136-142.

[22] 刘妍.数据主权的演进、挑战与层级治理路径[J].中国科技论坛,2023(06):142-152.

[23] 曹菁菁,雷阿会,刘清,等.虚实融合驱动智慧港口发展研究[J].中国工程科学,2023,25(03):239-250.